我是
爺爺嫲嫲
湊大的

智愛承傳．隔代照顧家庭支援服務

基督教香港信義會社會服務部

「忘我」的爺爺嫲嫲公公婆婆 ————

基督教香港信義會社會服務部
服務總監（長者服務） 劉翀

一切緣起，由我們在一間長者地區中心的實務觀察開始。

一些中心的常客，每天來中心近乎「返工」的老友會員，近日突然「失蹤」。同事感不妥，遂致電了解。從電話的另一端傳來熟識的聲音：「我要幫女兒手湊個孫，忙到不得了：每日照顧飲食、管接管送、又要勞氣他做功課……未來一段時間都不能過來了……」

在經驗和文化脈絡中，這一切似乎順理成章，同事當中也不乏由「爺爺嫲嫲湊大」者。

那是二零一三年，我們翻查資料推算，相信當時本港共有約

十萬名兒童在隔代照顧家庭模式下成長。有學者指，香港出現隔代照顧的原因還包括近年來跨境及雙非家庭的出現、雙職父母長時間工作及其他因素，例如父母離異、去世及其他家庭問題等。

除了「弄孫為樂」，不少祖父母重新投入成為孩童照顧者的角色，是責任，也是愛。他們挺著伴隨年齡、個人及家庭生命週期而來的困難如精神及體能上的挑戰，在管教及照顧方式上與子女的不同意見與手法，時代的變遷，挑起了「湊孫」的擔子。

這一班老友，沒有時間精神到長者中心，不會主動找家庭服務支援。除了接送孫子女參加活動，也不會到青少年中心。學校內老師和社工工作已夠繁重，如果不是太緊急，隔代照顧家庭如無破損，支援自然也不在最高的優次。

中心對面是一所小學，樓上就是一所幼稚園。返放學時間管接送的，不少就是要「湊孫」的祖父母。面對好像被社會遺忘了的需要，我們在想，不如主動入校，接觸和服務他們吧。可是這群「忘我」的爺爺嫲嫲公公婆婆，放不下孫子女去參加活動。於是，同事們便開展了祖孫平衡小組，說是讓孫子女參與，他們反而是陪同「順便參加」。在二零一三至一五年期間，我們在長者中心、青少年中心、小學及幼稚園等舉辦了八個隔代家庭小組。

一個又一個隔代照顧家庭的故事，推動我們尋找資源，為服務加碼。由二零一六年至今，服務已支援了接近三百個家庭。

一個又一個的故事，五味紛陳，嘗到祖父母與孫子女間的情與氣，祖父母與子女間有張力、有體諒也有感恩。照顧之中有強韌、有軟弱、有汗水、有笑聲、有怒氣，也有淚影。

一個又一個的故事，穿插著學校機構學者的支持、有心人的參與，更重要的是祖父母同輩間之明白、互助與同行。

一個又一個的故事，讓我們不得不承認，這班祖父母們才是「湊孫」的專家。

一個似乎順理成章的現象，一個好像被社會遺忘了的需要，一班照顧者的經驗、愛與智慧承傳，透過服務中接觸過的故事，娓娓道來。

沒有你，哪來「承傳．智愛」？————

基督教香港信義會沙田多元化金齡服務中心
中心主任　彭慧心

　　聖經說：「萬事都互相效力」。就是為著共同目標努力，一起合作，成就美事。《我是爺爺嫲嫲湊大的》一書能順利出版，就是如此。而「智愛承傳 ── 隔代照顧家庭支援服務計劃」及「代代傳家福 ── 長者及三代家庭支援服務」能順利推行，也像小孩子向耶穌獻上五餅二魚餵飽五千人的神蹟故事一樣，我們縱然微小，只要願意付出，集腋成裘，成就超乎想像。

　　感謝記者陳曉蕾，她是社會議題探討的專家。認識她是來自參與《大人》雜誌的讀書會。讀書會內她有說不完的照顧者故事。怎麼一位記者對香港照顧者的現況、社區資源和問題探究，會比社工更深入熟悉？！她對議題探討認真、熱情、觸覺獨到、富創意。而那股攝人的說話魅力和敏捷的才思，更深深吸引著

我。我們十分渴望和她合作。曉蕾當時正為「大銀」工作奔波忙碌，卻二話不說，為出版祖孫故事提供了專業的意見，讓我們這些社福界社工，用嶄新的角度看照顧者服務的推動及倡議。實在感激曉蕾，本著祖孫照顧這重要課題，縱然資源不多，她在萬忙中仍願意主領出版，玉成美事。記得她又笑言記者給人「冷酷無情」的形象，雖然骨子裏「熱血」。的確，在整個合作過程中，她一方面客觀、層層深入有序地報導，另一方面，在前線採訪中，卻又見到她對祖父母體貼關懷，提問恰到好處，讓祖父母感受到被尊重、關顧保護。為了祖孫故事，曉蕾和其團隊成員們確實花了一擔子心血，投入無比的熱情和誠意，字裏行間，讀者定能感受得到。

假若祖孫服務是一頭「千里馬」，那麼「李錦記家族基金」的劉明燕小姐（May 姐）和她的團隊，定是我們的「伯樂」。感謝她無比的信任和支持，讓我們在祖孫服務上可大膽創新嘗試。本著「治未病」的理念，基金不單支持了本刊的出版，更幫助我們成立「資深父母薈」的工作模式，支援有特殊學習需要小孩子的補習服務，又加強了三代家庭活動，也讓我們嘗試祖父母家庭治療工作坊等。開展服務期間遇上大大小小的困難，電話中我戰

戰兢兢的匯報，但May姐總是溫柔、淡定而有力的回饋。得到
她的聆聽、分享經驗和適時的支援，讓我感到同行且不孤單，恰
似家人般的關懷，也不失服務創作的自由空間。相信這就正是
「代代有愛」的具體展現吧。

　　得到香港浸會大學社會工作系洪雪蓮博士、香港中文大學教
育研究所陳廷三博士，並香港表達藝術治療協會創會主席張文茵
女士樂意為我們作義務顧問，他們在萬忙中抽出時間，確實為計
劃打了強心針。洪博士在「敘事實踐」理論及應用上提點引導，
提醒我們要為祖父母「充權」。而陳博士又為同事舉辦了「生命
回顧」體驗工作坊。再加上張女士悉心構思，教授我們如何在祖
孫小組應用表達藝術手法。有著多方支援，大大提升服務質素，
豐富了服務的內涵。

　　更要感謝「香港公益金」的信任，資助過去三年和未來兩年
的隔代照顧家庭支援服務。因為在傳統服務範疇中，並沒有照
顧到長者作為祖父母的角色，他們沒法在社區上得到支援。因
此，能讓長者中心作大膽嘗試，走進學校提供服務，的確是高瞻
卓見。

　　當然，金齡義工是推行祖孫服務的最大後援。核心成員雖只

有十幾位，位位都過半百，但怎麼來的魄力，讓大家如此委身，在三年內默默支援了接近三百個三代家庭？！這裏雖不能一一道謝，但每個小故事都藏在心裏，心存感恩。

Joie是其中一位。她平日熱愛繪畫，微笑卻不多言。參與祖父母小組，聽了很多祖父母故事後，她和社工郭姑娘一起創作，設計多款圖咭，繪畫出祖父母照顧孫仔孫女的生活片段，讓祖父母看圖會意，容易表達。之後，我們還一起創作了「祖孫棋」，棋盤以花園地圖隱喻照顧的春夏秋冬，又設計了99步路徑表喻「養兒一百，長憂九十九」的感慨，讓祖父母們藉此來個輕鬆互動的分享，暢所欲言，笑中有淚。若Joie沒有耐心的聆聽和觀察，哪來如此有趣、幽默又到位的創作！

還有個子小小、溫文爾雅、談吐大方、諄諄善誘的月蓉老師，她是位「70+」，我們年紀最長的義工前輩吧。她退休前，多年在中學任職訓導主任，平日經過課室，學生見到她都會變得鴉雀無聲。怎知來到小學作孫子女小組的義工，沒有訓導老師的身份，小孩子好動活躍、吱吱咋咋，「嘈到不得了」，完全是另一回事。於是「月蓉老師」變身「月蓉姨姨」，重新學習與小孩相處的技巧，同時又能以第三者的身份，與父母及祖父母們分享她

對孩子的獨到觀察和教育智慧。更感動的是，其中一個小組有位不懂聽粵語，每天奔走中港兩地接送孫兒的祖母。為了使這位祖母能投入參與，月蓉老師不辭勞苦，每週乘車來回至少兩小時，由沙田到天水圍，專程為她作個人翻譯，讓這位祖母能信任其他成員分享，釋放照顧的淚水。俯就卑微，激勵後輩，一生奉獻教育，是我從老師身上學到的功課。

祖孫計劃構思當初，並沒想像到推行過程是如此艱辛。智愛‧承傳 —— 隔代照顧家庭支援服務計劃的計劃主任郭加欣和社會工作員余詠詩，每星期連續四至五天到不同地域的學校提供「外賣」服務，社工、義工們每次均需把大袋小袋的活動物資，召喚客貨車運送往返，體力絕不可少。再者，由於人手所限，同事分身乏術，支線輔助性的活動更需金齡導師和義工們獨立處理，包括與學校溝通、場地準備、借物資、活動執行、收拾等等……由於我們不是「主場」，不同學校規矩亦有差異，於是「執生」解難在所難免，全靠義工們的機動和智慧。因此，金齡義工確實是整個計劃幕後的重要支柱，特別鳴謝三年來風雨同路的小寶、昌哥、桂哥、月蓉、慧芳，Michelle，Ellie，Rose，Joanna，Grace，Kitty，Joie，還有數不盡的幕後英雄，完成「不

可能的使命」。當然，還須各校校長、社工的支持、通力合作和
包容，上下溝通，落力推廣，方能成事。

關關難過關關過，郭姑娘和余姑娘沉著應戰。郭姑娘笑言自
己是位潮州姑娘，的確，她勤懇盡責、實而不華，怎辛勞也會完
成託付。她既專業又細心，只要看文章內的故事，便會發現郭姑
娘深得祖父母信任，讓他們樂意分享經歷，道出心聲。至於余姑
娘，她冷靜、勤快、好學、不計較、「抵得諗」。她是小孩子的
大姐姐，拿著小結他就能與小孩子一起創作「感謝您」歌仔送給
祖父母。她也是祖孫計劃服務數字的主要整理者。有著這對服務
熱誠的好拍檔，沙田金齡中心及總處同事各方的支援，再加上第
三年加盟「代代傳家福」計劃的社工梁韻珊姑娘，就能達到出人
意表的效果。

讓我們像「五餅二魚」故事中的小孩，奉獻自己所有的，不
是因為有餘，乃是因為我們雖然不足，但仍堅信祖孫照顧應被重
視，祖父母的智慧當被傳揚。讓神蹟繼續發生，承傳「智」愛。

智愛承傳・隔代照顧家庭支援服務

基督教香港信義會社會服務部在二零一六年九月推出，主要服務隔代照顧家庭，以建立祖父母的支援網絡和照顧孩子的信心，增強孩子情緒表達的能力，加強三代聯繫及照顧默契。形式包括：個案關懷、祖父母小組、孫兒表達藝術小組、家庭活動、社區教育及倡議等。

　　截至二零一九年四月一共與八間幼稚園、二十二間小學、三間中學、三間社會服務單位合作，一共服務了二百八十三位祖父母、二百七十九名孫子女、二百一十三名父母等家人。

本計劃之活動介紹及報名、小組教材資源、
研究報告等，可瀏覽：
website: elcsshk.wixsite.com/grandclub

目錄

15

為保障被訪祖父母私隱，全部名字為
化名，除了第二章的阿娟及第五章的
魏女士「娘娘」應個人要求用真名。

第一章
祖父母出馬

父母前面加上「祖」字，角色會如何轉變？

根據香港社會服務聯會在二零一四年的研究：香港約有13.5%家庭育有零至十二歲兒童並由祖父母擔任主要照顧者；以人口推算，目前香港超過十萬名兒童是在隔代照顧的家庭中長大。

祖父母照顧日常生活，煮飯洗澡；也會負責教育，包括家教、文化傳承。二零一五年再有本地研究指出，在低收入家庭，祖父母的角色更重要，有兩成是兒童的第一照顧者。

2016 年全港家庭戶數：2,510,000

祖孫同住	6,685 戶
三代同住	61,578 戶

資料來源：2016 年人口普查

祖孫同住 上升趨勢

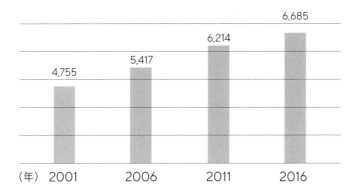

煮飯給你吃 ————————————————

　　玉珠總是在廚房：清晨煮早餐，讓孫仔孫女快快吃
了可上學；中午煮午餐，兒子會親自送去學校；孫仔去
完補習再去興趣班，有時八、九點才可以開飯。孫女有
濕疹，餸菜都要另外準備。

　　到了不用上學的日子，玉珠才有時間見丈夫 ——
他平日也要帶另外兩個孫。兩夫婦一共有六個子女和十
個孫，為了照顧孫兒，被迫分開居住。

　　五年級的孫仔和四年級的孫女，每天都要補習、去不同的興
趣班，參加好多比賽，家裡放滿獎杯，兒子和媳婦都非常認真
栽培。「好嚴肅㗎。」七十七歲的玉珠帶著鄉音，用這認真的字
眼說。

　　媳婦是護士要輪班，有時返早更，有時下午才開工，每星期
一次通宵，但會盡量參加學校的家長活動；平日接送和看功課，

就由兒子負責。玉珠搬來同住，主要是買菜、煮飯、做家務。

家裡也曾經請外傭負責家務，但由兩個孫出生至今，已經換了十多名外傭。「不適合就炒，有些會偷金器、偷錢。」玉珠説家裡很多東西常常失蹤，有些衣服想出街時找不到，相信就是外傭拿走了。最近一年已沒請外傭。

「沒有工人姐姐反而自由一點。」可是玉珠就要抹床、抹地、抹傢俬……「我的身體不能站得太久，受不了，站一會就要休息，到床上躺一會。」

擔心照顧不好

玉珠有時也感到壓力：「照顧小孩負擔很大。小朋友好就好，不好怎麼辦？小朋友會不聽話，老實説，照顧壞了，你怎樣説？」

她説照顧子女和孫兒不一樣，以前她會用藤條打孩子，打了就聽話，然後哥哥姐姐就會教弟弟妹妹，但現在孫兒完全不吃這一套。

「現在的小朋友跟以前的不同，他會『反抗』你。」玉珠説：

「你講，他不聽；你叫他，他又不作聲；你叫他做甚麼，他都不理你⋯⋯那不是反抗嗎？」

雖然兒子負責看功課，但孫兒沒做完功課，兒子會怪玉珠，於是玉珠就要不斷囉唆：「叫他快點做功課，他就拿電腦來玩，有甚麼辦法？」而罵了孫兒，媳婦可能會不高興，玉珠說：「子女是他們的，他們不開心怎麼辦？」

玉珠說孫兒不聽話，就會告訴兒子和媳婦，由他們去管教：「我早已講明：是你們的小孩，是你們自己的事。我年紀大了，還管這麼多事嗎？」她說最多只會跟孫兒開玩笑輕輕打屁股：「現在時代不同了，現在嫲嫲你打我，我就不理睬你了，又更加不聽話，現在的小孩要哄。要買喜歡吃的，他開心就會照做。」

兒子叫玉珠去參加隔代照顧家庭支援服務。「兒子叫我去，我就去，都是他安排。」玉珠參加小組，見到其他爺爺嫲嫲，但她沒法投入：「要趕著回家煮飯拿回學校，沒時間閒談。樣樣事情都緊迫，要去街市，又要趕著回家煮。」

玉珠心目中嫲嫲的角色，最重要就是煮飯。

無奈要分居

　　玉珠之前做酒樓傳菜，是兒子叫她辭職，然後搬來照顧孫女，留下丈夫在家照顧另外兩個分別就讀小學一年級和六年級的孫兒。「有時老公打電話來，問今日有空麼？逛逛街吧！我說沒空，要煮飯。」玉珠說只有星期天，她和丈夫都不需要照顧孫兒時，才可以飲茶逛街。

　　會不高興嗎？「我們這些人都無所謂。」玉珠不好意思地笑說：「也不是甚麼事，沒計較那麼多。有兩餐飯吃就可以了，沒甚麼要求。」她說也有好些朋友，要這樣和丈夫分開住：「沒辦法，其他人都是這樣吧。」

　　玉珠的心願，是等孫女升讀中學，她就可以回到自己的家，只是到時，可能就要幫丈夫照顧還在小學的孫兒。

教你做功課 ————————————

　　碧華教六歲的孫仔梓峰寫字，有一點吃力。

　　「好像飛機的『機』字，深筆字和淺筆字不一樣。淺字是一個木字、一個几，但現在不是這樣寫。有時我在微信寫深筆字，有些朋友都說我在香港學了很多深筆字，我說因為要教孫寫深字，好像愛心的愛字，下面多了一個心，淺筆就沒了心。」她口中的「深字」是繁體字，「淺字」是簡體字。

　　梓峰才三個月大，父母便分開了，照顧責任就落到碧華身上。「那時我當清潔工人，兒子叫我辭職照顧，多給一點家用，四千多元。我都是為家庭，其他親戚都白頭到老，家庭和諧，我不知道為甚麼兒子弄成這樣。」

　　梓峰小時，碧華覺得還算容易照顧，但上到小學就不容易了。「我對兒子說，我不懂英文教不了，中文可以，小學數學可

以看一下。」她有點無奈，說以前兒子小時，吃飽就睡覺，偶然帶去遊玩：「現在學習有很多瑣碎麻煩的事情。」

梓峰每天三時半放學，碧華會帶他去買便利店的撈麵，間中去快餐店。「日日食會熱氣，也不便宜，一個漢堡包、一杯雪梨茶、一包薯條，四十一元！一次半次還可以，次次這樣我負擔不來。」

教寫中文字

四時補習，一直到六時半，逢星期三有英文默書，可能要溫習到七時，這才回家吃飯、洗澡。碧華會和梓峰一起執書包，再檢查功課：「兒子教我要看一看他的手冊，功課是不是都做完。要看時間表，按課節來收拾書包，如果有體育課便要穿體育服，唱歌堂要看需不需要帶口琴，要等老師通知，需要的時候，再帶回學校。他的書包好重！」

如果有中文默書，碧華會哄他默一次：「你寫啦，我就帶你去玩。」碧華年青時在廣州秀林文書公司工作，負責在材料庫分發材料，她似乎喜歡中文。「譬如有趣的趣字，你寫得不夠端正，

『走』字寫在這裡，但『耳』和『又』在那裡，我說都不像趣字，『耳』跟『又』應該是平衡的，這樣才可以。有的字你識寫的，例如昨天的『昨』，為何老師說那是錯字？因為有些字『穿頭』便是錯字，老師就當你錯⋯⋯」她一口氣說了好多梓峰寫字的故事：「我幫他溫習便有九十一分，但下一次他不肯聽我的便不行了。」

講三國故事

有時梓峰會在學校借圖書回來，如果借的是英文，碧華就會說：「你不懂，阿嫲也不懂得，借來做甚麼？要借一些看得懂的！」

有一次學校有一張紙寫着「三國」，碧華很高興，說了很多：「現在晚上七點鐘電視播的就是三國，曹操是奸的，孔明是聰明的。我跟他說了孔明借箭：當時孔明沒有兵器，他就看天氣，當天很大霧，便弄一些稻草人放在船上。曹操離遠看，看不清楚船上的是稻草人，以為是很多人，便不斷射箭，後來才知道自己上當了。我小時還會唱出來：『孔明借東風，越借越成功，

曹操帶兵走，關公截路口，截到曹操冇埞走，走入屎坑口，屎坑翻大風，唔走正龜公。』」

兒子沒時間

這些生活點滴，兒子都沒參與，他在百貨公司賣電器，早上十時開工，晚上回到家裡已經十一時，碧華和梓峰都睡了，星期六日學校假期，兒子仍然要上班。而梓峰的媽媽已經再婚，極少見面。

有一次校長提起有一個「嫲嫲和孫子的活動」，不會花很多時間，碧華見一周一次就答應參加。「我學習到怎樣照顧孫仔，不要太過惡，太惡小朋友未必會接受。我有時很不耐煩，其實都是不好的。」她說未參加這隔代照顧家庭支援服務前，有時會打孫仔手掌，現在就很少了。

她也挺喜歡和其他祖父母一起談「舊時的事」，感覺很輕鬆。

唔好再打交 ————————————

　　兩個孫不打架、不吵架的時候，美珍就開心，但這樣的時間很少。「兩個還是嬰兒時很聽話，小時候叫吃飯，也很聽話，但現在叫吃飯，就四圍玩！」美珍不時大發脾氣。

　　只有等到女兒和女婿晚上放工回來，美珍終於可以回到自己的家，安安靜靜用平板電腦玩遊戲。

　　美珍本來在中藥房做雜務，女兒生下兒子後交給內地的嫲嫲帶，第二年生下女兒，嫲嫲帶不了兩個孩子，美珍就接手湊孫仔，兩年後孫女回香港讀書，美珍就一個人照顧兩個孫。

　　哥哥和妹妹只差一歲，整天吵架打架。美珍忍不住出手：「我會打手、打屁股，可是絕對不會打臉打頭。他們打架、不聽話、搶東西、顧住玩不做功課……我就會打罵。」

　　哥哥功課做得很快，妹妹卻很慢，哥哥做完功課去逗妹妹，

於是妹妹做得更慢。「昨天四點開始做功課，妹妹吃完飯後再做，然後八點還未做完！我説：『我要剪爛你的功課！』但她不怕，仍然顧著玩，我氣得大叫：『我要將所有功課掉落垃圾桶！』」

如果兩個孩子同時哭鬧，美珍就更忟憎：「我會跟他們説『這一刻我很憎恨你！』替他們洗澡時，我會叫他們不要哭。」她不會打，但會大罵：「立即收聲！」

玩得太過份

孩子還小，有時會玩得很過份，幾年前哥哥妹妹互相脱褲子，妹妹還用手機拍下哥哥的下體。「那次我非常生氣，小朋友不知道，但我覺得很醜！」美珍説時依然激動，她當時一邊打一邊大罵：「這些是私隱來的！你們不知醜！」

可是幼稚園的小孩懂得嗎？「沖涼都要關門啦！」美珍很勞氣：「再有下次，我斬了你的手！」

哥哥也曾經從學校「拿」同學的東西回家。「有次他從學校拿了擦膠，説是別人送的，但那塊擦膠有別人的名字。」美珍大罵：「千祈不要拿別人的東西，沒有問過別人就是偷，細時偷針、

大時偷金，要坐監的！」有一次哥哥帶了一支筆回來，堅稱是別人送的，但美珍一眼就看穿：「跟他多説兩句，他便不敢再説話，再説下去他便開始哭。我説如果是別人送給你，你明天也要送點東西給別人。」哥哥點點頭，他肯認錯，美珍就沒有動手。

美珍也不淨是打罵，哥哥妹妹成績好，分數有「八字頭」，她就會買玩具獎勵 —— 只是兩人玩沒多久，就會搶玩具，美珍又氣得要打！

不肯請外傭

孩子生病時，美珍非常擔心。有次哥哥發燒，看了三次醫生仍然高燒，最後深夜送進了醫院，美珍馬上打電話給當時在內地的女兒，回來看孩子。她連聲嘆氣：「冬天怕他們冷親，夏天又怕他們焗親，還是上班比較舒服。」

女兒曾經兩次提出請外傭，但美珍不肯：「看電視都知道，他們會弄甚麼給嬰兒吃，我們是不會知道的！我的性格接受不到工人，如果工人不好，還要倒過來服侍他？！」

她參加隔代照顧家庭支援服務，覺得難得有機會可以跟同輩

談心事。「我來了香港二十多年，也沒有跟別人講過心事。」美珍和其他祖父母説起丈夫早逝，她要去地盤工作帶大女兒，有時星期天也帶著女兒開工。她用一隻「牛」公仔形容自己一生人都是像牛一樣工作：「小時捱住幫父母，嫁了要捱住養大女兒，現在又要捱住湊孫！」

　　「不過，我捱得開心的，比上不足，比下有餘。」美珍説，生活苦中也有一點甜，當哥哥妹妹都很乖，好好地一齊玩，她會心甜。有時兩個小鬼還會走過來替她按摩：「他們有時候會哄你開心，你就會笑啦。」

嘛嘛唔係阿媽 ─────────────

　　念慈以前是小學校工，每天應付上百個小學生也難不到她。後來照顧兩個孫女，反而辛苦得很：「即時瘦十磅！我有無形的壓力，每件事情都不敢揸主意，每件事也要問過媳婦和兒子。」

　　媳婦剛懷孕，兒子就對念慈説：「要準備當嘛嘛，要有心理準備辭掉工作。」當時念慈才五十三歲，沒想過要退休，以為兒子只是説説而已。

　　兒子和媳婦都服務醫護界，需要輪班工作，生下長女盈盈，本來請外傭，幾個月先後走了兩名外傭。盈盈才三個多月，媳婦產假只剩一個星期，哭著打電話給念慈：「如果你不湊孫，我就

要辭掉工作。」念慈擔心兒子正在供樓，媳婦辭職不易維持生活，想了一晚，決定放棄工作。

「丈夫也有份說服我，兒子幫我打好辭職信，讓我第二天就交給學校。」當時兒子甚至為念慈出一個月離職賠償金。念慈開工湊孫，一年半後孫女欣欣出生，也由念慈照顧，現在盈盈和欣欣分別十歲和八歲半。

比上班更累

念慈每天早上坐頭班火車到兒子家，因為兩個孫女六點多就要出門。把孫女送到學校，再回兒子家打理家務、買菜、接孫女回家、煮飯，讓兒子媳婦放工可以一家人吃飯，之後念慈才回家。

兒子開口請念慈搬過來，但她放不下丈夫和小兒，堅持天天來。就算孫女升小學後請到外傭，念慈仍然天天來「報到」：「請了工人，但如果我不去照顧，兒子和媳婦也不放心。」

以前在學校工作，念慈至少可以靈活安排自己的時間，加上小學假期多，時常跟丈夫旅行和行山。可是照顧孫女要在兩頭家

來來回回，比上班還要操勞，完全失去自由：「這樣頻頻撲撲，每一晚到十二點才可以回家上床睡覺。」

媳婦要求高

媳婦學識高，對管教要求也很高，很有原則，每天安排好念慈要做的事：「她會把人奶放進雪櫃，貼好日期標籤，我要按時間餵奶。又買了一些書，要我陪幾個月大的盈盈看，還有一些英文錄音帶。」

餵孫女、教育，以至家居清潔衛生，全都跟以前自己教仔的年代不一樣，念慈有點吃力：「寶寶有時屁股出紅疹，我以前是用暖水和爽身粉，媳婦說要用濕紙巾抹，因為一歲前不能夠用有藥性的東西。」

買菜也要注意，兒子老早就告訴念慈有甚麼不要買，因為媳婦不吃。「例如蔬菜，媳婦只吃菠菜和菜心。我有一次煮黃立倉，媳婦說：『奶奶，真的不要再買，很難吃。』我買餸煮飯也有壓力。」

兩個孫女都升小學，念慈更緊張，除了督促完成功課，還要

按著密密麻麻的時間表安排接送。念慈無意中發現到欣欣經常混淆不同的字:「最明顯是將6字和9字調轉寫,又把q字6字調轉來寫。」念慈曾在小學工作,覺得不妥,便告訴媳婦,念慈覺得媳婦面色不善,於是決定不再說甚麼。欣欣成績很差,要去補習,念慈要帶她補習顧不到家務,就要請外傭。欣欣補習後成績仍是不好,媳婦罵她上課發夢,後來兒科醫生才確診有讀寫障礙。

「一般的老人家便會説:『一早我便告訴你!』但這只會讓婆媳關係更惡劣。她不聽我的那一套時,我只會在心裡想:他朝你便會知道。」念慈説。

嘗試補位

照顧時間久了,念慈開始嘗試改變媳婦,例如她覺得小朋友不可偏食,一星期要吃不同種類的菜和豆。為免兩個孫女像媳婦一樣偏食,媳婦不愛吃的,她也會煮,只是隔長一點時間再買。「兒子喜歡吃苦瓜,我會煮苦瓜,欣欣像媳婦一樣不吃,但盈盈會吃。還有,媳婦以前會要求工人把菜裡的薑和蒜頭拿走,我煮

時沒有特別遷就她。有一次盈盈問我白色的是甚麼，我說是蒜頭，她吃了再請媽媽吃，現在三母女都會爭吃蒜頭！」

「媳婦高學歷，已經是主管，習慣了命令別人，我明白就不會生氣。」念慈覺得媳婦就像自己年輕時追求完美：「可是十隻手指有長短，不能夠每件事都是完美的，不是每件事也可以由你決定。」

念慈說自己會幫媳婦「補位」，就像媳婦回到家，兩個孫女會想跟媽媽聊天，她會說：「我今天已給病人煩夠了，讓我先吃飯才說吧！」於是念慈在接孫女放學時，就好好聽兩人說話。

媳婦漸漸地，也越來越多開口感謝念慈。有一年母親節，媳婦接受傳媒採訪時，竟然哽咽著表白：「奶奶本來可以享受自己的生活，但她還是留下來幫我們，她真的很愛錫我們，才會多年來不斷付出，這不是一句說話可以表達的感激。」

阿爺也幫手

　　新哥四十四歲就抱孫，有兩個內孫、兩個外孫。十年前大兒子和媳婦鬧離婚，法庭把一歲多的孫仔皓皓和六歲孫女的撫養權，分別判給兒子和媳婦。

　　兒子在地盤工作，沒法照顧皓皓，開口請新哥幫忙。那一年新哥剛五十歲，經營時裝店，從沒照顧過孩子：「以前我要工作，都是太太照顧，好在太太退休可以幫手。」

　　星期一至五，皓皓都在新哥家，新哥和太太輪流湊，太太主要幫皓皓煮飯、接送上學，新哥顧著時裝店的同時，會陪皓皓玩。周末皓皓就會回到兒子的家。新哥很體諒兒子：「兒子有能力，不需要你幫忙，當然好，但如果他條件不好，需要你幫，就一定會幫手。」

　　年輕時新哥忙著工作，也跟兒子一樣顧不到家庭。新哥賣

菜，凌晨兩時就出門取貨，早上六時開始擺檔，晚上八時多回到家只能睡一會。「一個月只有一兩天休息，直到年紀最小的子女也大學畢業，我才轉行賣衫。」

照顧皓皓，有時很心甜，新哥享受到昔日沒機會的親子樂；但有時也會勞氣，尤其當皓皓不聽話：「皓皓覺得自己比我們能幹，他會説：『你也不懂，如何教我？』我經常説他爸爸『死剩把口』，皓皓可能遺傳了。」

學業難情緒多

「我叫皓皓將衣服掛起來，他不肯，説嫲嫲都是這樣放。他七、八歲時，我曾經輕輕打過他，他馬上駁嘴：『你不可以打我！你打我，我報警！』」新哥坦言現在社會跟以前不同，生活條件比較好，孩子懂得更多，並且受軟不受硬，打罵都不再奏效。

皓皓有時會鬧情緒。「他説喜歡跟爸爸一起住，不開心時吵著要回爸爸家。」新哥唯有請兒子間中打電話來，叫皓皓乖乖做功課。

「皓皓不笨，反應很快，如果他爸爸媽媽有文化，我相信他是不一樣的。」新哥也擔心皓皓的學業，他說以前三個子女都是自己讀書，可是現在課程好深，社會也看重成績，於是每月花二千多元讓皓皓補習：「我們無本事教他，盡力吧。」

今年皓皓小學六年級，成績算是中上水平。新哥很緊張：「每個人都望子成龍，我也跟他說，如果你讀得成書，我們一定會供你讀大學。這是你自己的責任，識字可以找到更好的工作。可是皓皓會駁嘴：『讀書我不懂，我會打機打到出名！』我反問他：『有幾多個人打機搵食呢？』」

品格好重要

為了教好皓皓，新哥會去聽學校和教會辦的講座，又參加隔代照顧家庭支援服務，向別人取經學管教。「凡有關於照顧小朋友的講座，我都去聽，了解現代照顧小朋友的方法。」他說聽到其他祖父母說，要有耐性的聽孫兒的話，孫兒才會聽長輩的話，要跟孫兒互相尊重。

他也嘗試這樣做：「皓皓想講，我就聽。他要我跟他玩玩具、

下棋，有時我覺得兒子和孫兒也沒有甚麼分別，一樣喜歡黏住你。」他不時會買皓皓喜歡的東西：「他聽話，考試考得好，便買陀螺做獎勵；一星期不百厭，也有獎勵。嫲嫲就不會買，他會更喜歡我。」

　　雖然努力學習新一代的教育方式，新哥有一點堅持：「皓皓要懂得長幼有序，分尊卑，大人說話不可以駁嘴。做錯事時，要自己負責，例如弄髒了地方，就要清潔，不准問點解。不論讀書成績如何，品格一定要好。」

　　近年兒子再婚，皓皓有了新媽媽，她愛錫皓皓，會去學校見家長。新哥覺得媳婦很不錯：「皓皓也說這個媽媽比以前那個好。」不過兒子和媳婦都要工作，皓皓仍然和新哥同住，只是在假期帶他出去玩。新哥也習慣和皓皓一起住：「其實能夠湊孫好開心，中國人是這樣的，這是傳統價值。」

　　當皓皓升上中學，會否回到兒子的家？「還不知道，到時由他自己決定。」

一手湊大你

　　月鳳的孫兒阿偉十七歲了，寧願和婆婆住。「小時候原本星期六日媽媽會帶他回家，但他回家後就哭，媽媽也沒有辦法。媽媽不再帶他回家，他更不想離開我，一回家便扭計。」月鳳形容阿偉把她當媽媽，自己的媽媽反而像朋友。

　　月鳳說大女兒生孩子時二十三歲，不懂怎照顧嬰兒：「試過半夜帶著BB坐的士來找我！」大女兒的夫家做飲食業，常常工作到凌晨，丈夫做印刷最早也要十時多才回家，她婚後下班就回娘家吃晚飯，之後才回家睡覺。生了阿偉，女兒繼續上班，然後逢星期六日到娘家住。月鳳雖然肯辭掉洗衣店的工作，幫忙帶孫子，可是也忍不住勸女兒要落手照顧：「兒子是你的啊。」「我晚

晚和他吃飯，就是照顧了。」女兒回答。

月鳳沒好氣，在她心目中，當時女兒也是「孩子」：「在我心目中她還很年輕，雖然我跟她一樣都是二十出頭結婚，可是在我的年紀已經很獨立，女兒結婚時，同學和朋友都未嫁，我便覺得她還小，想保護她和孩子。」

女婿在孩子小時還會抽時間一起吃飯，現在從事地產，改為每天和兒子通電話。

責任好大

月鳳最初照顧阿偉時只是四十多歲，別人都以為她是媽媽：「我當他是我的兒子，會打他罵他、帶他看醫生、帶他上學，連學校見家長，也是我負責。」

有時月鳳也覺得有壓力，例如有次她煮麵，阿偉剛懂得走路，跟在月鳳身後，她一不小心便讓阿偉燙傷了。她趕忙用凍水沖洗燙傷的地方，再抱去醫院。「我嚇壞了！打電話給女兒，我不知道如何交代。」女兒來到醫院，反過來安慰：「小孩子百厭，隨他吧。」可是月鳳看著燙傷的地方，心裡難過：「會不會留疤痕

呢？我很不舒服。如果是我的孩子，搽點藥便算，但孫兒始終不是我親生的。」

月鳳比女兒和女婿更緊張阿偉的功課和生活，剛上小學功課寫不好，阿偉發脾氣不肯重寫，月鳳會打他，但升上三年級就沒再動手了。聽到同學去學游水，她也帶阿偉去；阿偉放學後和朋友踢足球，她買東西時會偷偷經過球場，看看阿偉的朋友是怎樣的人。升上中學，她仍然會躲在學校門口，看他放學後和甚麼同學在一起。

「現在阿偉説要跟朋友出街吃糖水之類，他媽媽不過問，但我會問 —— 因為他住在我這裏，是我的責任，不然學壞了怎麼辦？」她再三強調最緊要人品好：「如果讀書不好，做清潔工人也是搵食；但如果學壞，打家劫舍就不好了。」

管教更嚴

「女兒和女婿都説：『不用怕，不要緊，不用擔心……』，其實我只是替你們擔心。」月鳳有點不滿：「只懂得帶去玩、飲飲食食，父母應該好好教導兒子如何做人。」

她說阿偉遇到「難題」，例如衣服穿了一個洞、生病了，第一次時間會找她；可是在學校被沒收電話、遲起床遲到了，就會找媽媽。「我認為上課玩電話不對，電話是應該沒收的，但媽媽會幫他求情；遲到也就是遲到，媽媽不應幫他寫信放假。」月鳳覺得自己更像是阿偉的「媽媽」，女兒就當阿偉是「朋友」，她因而不時和女兒吵架，女兒被罵，就會不出聲。

而女婿在月鳳眼中更不懂得當爸爸：「因為少見面，爸爸仍然當他是嬰兒。他每晚都會打電話給兒子聊天，會說天氣冷了要多穿衣服，可是兒子已經長大了就不需要說這些吧，他中五了，還重讀一年，我會說：『如果天氣冷他不穿衣服的話，就讓他冷死吧！』」

阿偉現在十七歲，有時會「駁嘴」。「他現在長大了，會決定自己要做的事，叫他不要經常玩手機，他不理我；咳嗽留在家中休息不要去踢足球，他也不理我。他很喜歡踢足球，進了十八區的區隊，我不是很喜歡他整天踢球，但沒有辦法，不能阻止他。」月鳳說畢，還是補充一句：「不過他還是有點怕我的。」

兩人關係好親密，阿偉喜歡吃雪條，咬了一口就會遞給月鳳：「婆婆，很好味，你也試一試。」從小到現在，還是一樣。

樓瑋群博士：三代要溝通 ————

　　現代祖父母不易為：由單純的陪伴，到成為照顧者，甚至因為種種原因要代替父母，角色和責任越來越複雜。

　　香港大學秀圃老年研究中心總監樓瑋群博士曾經從多方面研究祖父母角色，她指出社會轉變很大：「祖父母以前主要是身教、家教、文化傳承，但現在的父母則是根據自己的思維，決定好要怎樣教養，祖父母變成負責執行。」

　　以前的社會，到了適婚年紀就一定會生孩子，孩子又會生孫，祖父母似乎不用特地學習，可是現在不是了。

不同程度照顧

樓瑋群分析祖父母的照顧現況，分為三個不同的程度：

- 最輕鬆的只是為了樂趣，周末去看看他，吃飯、去旅行等；
- 中間那層，是一些實在的責任，要照顧日常生活活動，協助吃飯、洗澡、接送上學；
- 責任最重就是子女中間那一代「出事」，不論是死亡、疾病、逃避責任，不同的原因讓祖父母變成監護人，負起父母留下的責任。

無論祖父母負起哪一類程度的照顧，心裡壓力都會比以往大，因為社會對孩子的期望不同了。現代祖父母要學習不同的技能，懂得「補位」，這在祖父母和子女之間形成很多張力。樓瑋群解釋：「我們面對三代人不同的社會期望，中間幾代人好多變化，接著又要看姻親關係，是自己的內孫還是外孫，又有不同，有些還要特地去外國生活帶小朋友。這些令祖父母沒辦法以傳統或現代方法面對，要隨機應變。」

社會風險高

　　樓瑋群形容現代社會是個風險社會（risk society）:「個人處理風險的能力越來越差，不論做了多少事，都沒有保障，明天都會有事情發生。在這個情況之下，就是每代之間需要補足。」

　　子女這一代面臨婚姻、工作、健康等風險和變化，而社會對孩子的學習和成長期望亦不停改變。「現在很多學前班，兩歲多就要上學，今天就要去甚麼班，明天又要上課，後天又突然確診有特殊學習需要，以前並沒有這件事。」她承認在現有社會福利制度當中，祖父母的角色是較少得到支援的，長者地區中心的照顧者服務通常給照顧老人的護老者，家庭為本的服務，對象往往是父母和孩子，學校亦較少關注祖父母。

　　「在照顧者的光譜裡，較少關注祖父母。可是社會也出現了婆婆殺掉孫兒的慘案，可見也需要支援。」她相信要靠三代努力：祖孫一起時的快樂，子女要尊重和欣賞。

釐清各自責任

樓瑋群聽過一位嫲嫲自己搾果汁帶給孫兒喝，媳婦嫌時間隔了太久，果汁不新鮮，罵嫲嫲會令孫子敏感。「媳婦從書本看到的營養和教育知識，超越了長輩的心意和關心。再加上香港有外傭，事情更複雜：『我都請了工人，你只不過來看看。』」

二零一二年香港大學的研究指出，三代人雖然都同意祖父母有輔助日常照顧和傳遞文化的角色，但對於其他角色有不同看法：祖父母覺得自己有教育及指導角色，期望可以多教孫兒；父母覺得祖父母是橋樑，負責陪伴玩樂，也是家庭的象徵；孫兒則覺得祖父母沒有角色，對他們期望不多。

樓瑋群表示三代的溝通是複雜的，需要從各自的處境思考，釐清兩代照顧孩子的權責，祖父母才有方法繼續照顧。「當祖父母知道原來不能作決定，就知道要做輔助的角色。可是有一些事，需要讓祖父母拿主意的。」她說：「如果只是叫祖父母來住，甚麼也要跟你匯報，或者家中裝閉路電視，全日開著，其實我覺得很不尊重。雖然我聽到祖父母說不要緊，但將心比心，一舉一動都被人看著，會覺得舒服嗎？」

她強調在照顧第三代，第一代和第二代的角色、界限、決策……都應該要溝通講清楚。

第二章

而家讀書好難

幾乎所有參加隔代照顧家庭支援服務的祖父母，都會提起孫兒的學業：「以前哪裡顧得子女讀書？現在竟然要幫孫兒看功課！」

帶去補習、迫著做完功課、檢查手冊……這是不少祖父母的日常，而當孫兒有特殊教育需要，壓力就更大了。

特殊教育需要的中小學學生人數 (2016/17 學年)

		人數
主流教育	小學	21,860
	中學	21,030
特殊教育	小學	3,449
	中學	4,303
	特殊班*（小學）	58
	特殊班*（中學）	80
總計		50,780

*少數主流普通學校有開辦特殊班／資料來源：教育局及審計署統計資料

主流教育裡不同特殊教育需要的學生人數

(2016/17 學年)

	人數
特殊學習障礙	20,120
注意力不足／過度活躍症	9,440
自閉症	7,820
言語障礙	2,870
智力障礙	1,580
聽力障礙	650
肢體傷殘	300
視覺障礙	110

資料來源：審計署統計資料

過度活躍難管教 —————

　　惠珍今年七十歲，四個兒子都大學畢業，特別看重
孫兒的成績，偏偏兩個孫都有過度活躍症，照顧非常吃
力。

　　「他們不聽話，要看他們做功課，打罵都會反抗，
我又要洗衫洗碗晾衣服，每晚凌晨一時多才可以睡
覺。」惠珍的兒子和媳婦都在內地工作，並且還有一對
雙生兒，這香港的家，就由得她和丈夫支撐著。

　　兩個孫朗朗和達達，已經不止一次走失。有一次三嫲孫去商
場，「轉眼就不見人！」惠珍在商場到處走、到處問人，終於在
商場的詢問處找回達達，但剛升讀小學的朗朗找來找去找不到，
嚇得惠珍報警，最後才發現朗朗已自己回到家裡。

　　另一次爺爺帶朗朗去公園玩，達達自己去公園找爺爺和哥哥，
沒遇上，最後他走到一間教會中心被社工發現，叫警察送他回家。

「真的被他倆氣死！」惠珍提起這些走失經歷就很生氣，兩人在街上不聽話、跳來跳去，她曾經試過撿起路邊的樹枝，痛打一頓。

朗朗和達達除了走失，還有不少危險行動。「那一次我打得很厲害。」惠珍住三樓，樓層外面的平台用圍欄圍著，可是朗朗和達達爬了出去，在平台上玩。最後被保安發現，嚇得惠珍馬上去找兩個孫：「他們跌下去會死！」

「我不想被丈夫罵，連看管兩個小朋友也辦不到。」她發狠地打朗朗和達達，驚動了社工，兩個孩子被送進醫院檢查傷勢，留醫十日。社署的社工一再對惠珍説，無論如何都不可體罰，再打就要報警了。

可是惠珍沒有辦法：「大不了坐監吧。難道任由他們變壞嗎？如果他跌死了，我怎麼跟他爸爸和爺爺交代……」

寧願去做工

兒子在內地還有一對孖仔，難以分身管教，每次見到朗朗和達達，都再三叮囑要聽爺爺嫲嫲話。惠珍丈夫退休後多了時間在家，兩夫妻也經常因為湊孫吵架，丈夫認定是惠珍不懂得教孩子，曾經說狠話：「不死也沒用，湊兩個小朋友也不懂！」

惠珍覺得很無助，自問已經盡力，教朗朗和達達要讀書、要乖、要有禮貌，默默跟他們說有了知識將來才找到工作，每朝看見校工也要叫早晨⋯⋯可是兩個孫就是不聽。「他們怕爸爸，怕爺爺，就是不怕我，爸爸和爺爺都會打，但我打時會反抗，會欺負我。」兩個孫的氣力鬥不過爸爸爺爺，只好聽話，爸爸拿著木棒坐在旁邊，甚麼都不用說，他們已經自動自覺溫書做功課，但她打罵，他們就跑回房間鎖門，不理睬。

惠珍覺得很委屈，尤其是丈夫的說話。舊同事見到她，都說她比以前瘦了很多 ——「我很懷念以前工作的日子，不用這麼辛苦，可以賺錢，有朋友。」她做工其實很辛苦，三十歲來香港後做過布廠、藥廠、包裝、電鍍廠、織冷衫、送外賣⋯⋯和丈夫帶大四個兒子，捱到肩周炎。

學識鬥智鬥力

朗朗和達達爬圍欄走出平台後，學校轉介兩人看醫生，確診是過度活躍症，需要服藥。惠珍擔心有副作用，聽了醫生解釋才同意，雖然兩人對藥物有反應，惠珍還是不安心：「現在吃了藥會專心，但藥力一退又會『百厭』。而且他們早上上學時吃藥，回到家藥力已退了。」

惠珍跟學校的老師和社工坦白講情況，參加了隔代照顧家庭支援服務計劃，情況漸漸改變。最初在祖父母小組，惠珍不敢多說話，自覺不是「成功的嫲嫲」，可是聽多了別人的故事，開始感到原來其他家庭也不容易，同樣要很努力：「家家有本難唸的經，大家說出來，心裡舒服一點，我也吸收其他人的方法。」

惠珍一直把孫子的成績，當作是自己的「成績表」：「他倆成績好，代表他有溫習、乖、聽話。」朗朗小學一年級時考全班第一，但這兩年成績一直退步，惠珍擔心是因為自己管教不好，所以格外緊張。然而現在她知道學業是孫兒的事，他們不溫書，不做功課，她會說：「既然你不默，我就不幫你對。」「你不願做功課是你自己的事，明天老師罵你也不關我事。」

「湊孫要鬥智鬥力，管教有很多方法。」她開始不用打罵：「我改用獎勵，你溫書我就給你吃的，電腦給你玩半小時。」這種方法比起打罵更有用，慢慢地，她感到放鬆一點，自己的情緒也好一點。

惠珍已經對兒子說，當朗朗和達達升上中學後，就不會再照顧，她很期待這一日：「如果有一日兒子能夠照顧孩子，這才是我有成績。」

從自閉走出來 ————————————

　　熹晴拿著四塊小木頭，在小帳篷裡左砌右砌，玩了一整天，沒有吃飯，也沒喊肚餓。嫲嫲淑儀察覺到他跟其他幼兒不一樣：異常安靜，遇到不喜歡的事不懂得用說話表達，會像獅子般「啊啊」叫。

　　健康院護士和媳婦都不以為然，直到熹晴兩歲，評估後證實有自閉症和發展遲緩。

　　「沒理由！我兒子這麼靚仔！」媳婦接受不了熹晴有病，後來離婚，淑儀就接手照顧兩歲半的熹晴。

　　最初，淑儀完全不懂得如何處理熹晴的情緒，怎麼打、怎麼罵都不聽話。「他經常無緣無故發脾氣，連過馬路都會發脾氣，我要攬實他過馬路。」她當時既要處理家裡大小事務，又要顧著莫名其妙發脾氣的孫仔，覺得膞頭很重：「很難，甚至想過揞死他，然後跳樓。」

慢慢學慢慢教

　　幸好淑儀意識到要照顧熹晴，就要學習如何溝通、用甚麼方法教。當熹晴去上學，她也去「上學」，從不同講座、課程和活動學習怎樣照顧。淑儀明白到：「自閉症有很多種，有些好教一點、有些會難教，最重要是看看你的小朋友是怎樣，要用甚麼方法去教。」

　　熹晴跟人說話時不懂得看著別人的眼睛，淑儀會跟他說：「嫲嫲的眼睛不見了。」引導熹晴看著她的眼睛，逐句說話慢慢教、慢慢講。家裡的碌架床貼滿貼紙，晚上關了燈，淑儀讓熹晴拿著電筒照貼紙，逐個貼紙認：「光打在那裡，他一定看那個位置。」每次照到了太陽就唱「太陽伯伯、太陽伯伯」，一邊認圖案、一邊要熹晴習慣用眼睛看事物。

　　淑儀也用手勢教熹晴記著二十六個英文字母，到現在熹晴仍然記得 A-Z 的手勢，淑儀說：「用手去弄、用眼去看，他才做得到。」

出外接觸世界

　　自閉症的孩子，在社交溝通、語言及行為都會有不同程度的障礙。媳婦以前很少帶孩子去公園玩，大部份時間都留在家裡，在小帳篷裡面玩。

　　淑儀不希望熹晴困在家裡，開始帶他到公園玩、星期日去教會，多點見人、接觸外面的世界。熹晴最初不喜歡打鞦韆，但很喜歡拍照，她便在熹晴盪鞦韆時幫他拍照，每次她都會說：「來，幫你拍照。」再讓熹晴看照片，後來他每次去公園都要打鞦韆。

　　自閉症孩子也會有一些固執的行為，熹晴喜歡鐵路，小時候對火車很執著，下車後要留在月台看火車經過不肯離開。兩嫲孫曾經搭西鐵，他堅持西鐵不是火車不肯坐，淑儀只好先帶他出閘，在外面走了一個圈，再騙他入閘，趁著西鐵快開車時抱他上車。「他一上車就說這個不算數，要立即離開！我說不能離開，因為已經開車了。」

　　每次出外，淑儀會讓熹晴看鐵路圖，講明要坐的路線，順道認一認車站：「香港九龍新界，講得出的我也帶他坐過，現在搭甚麼鐵路由他帶路。」

軟硬兼施做功課

熹晴升上小學後，情緒比以前穩定，可是要兼顧學業，淑儀大呻：「好辛苦！」學校有導修課，熹晴會在學校完成部份功課，但有時回家做功課也會做到十一時。

為了幫熹晴快點做完功課，淑儀用了一個方法：在桌上放一個時鐘，叫熹晴決定要用多少時間做功課，叫他跟時鐘鬥快：「功課是你的，我不知道你要用多少時間，最好你自己決定，你用了一個小時，之後的時間你可以去玩。」

可是這方法也不是時常有效，當熹晴不願意做功課，淑儀就最勞氣，曾經氣得把熹晴的書包掉出門外，關上門說：「你不做功課也可以，我幫你將書包掉了，明天你不用上學；如果你撿回來就要做功課，你自己選擇。」

熹晴聽了很緊張：「不可以、不可以，我要上學、我要叻一點。」

淑儀就是這樣軟硬兼施，她沒讀過書，不能親自教熹晴做功課溫書，會請熹晴扮演小老師，讀給她聽，從中自己也學會了不少新知識：「英文、數學，聽不懂我都聽，總之我做聽眾；他喜

歡讀東西給人聽，很喜歡你去欣賞佢。」

熹晴說：「所有科目我也喜歡，我喜歡上學，喜歡學習。」好學的個性跟嫲嫲很相似。

照顧是學習

淑儀由最初不了解自閉症，到不斷上課，覺得自己也跟著學了很多：「熹晴出生對我來說是轉捩點，湊孫讓我學到了很多，而我也可以將學到的教給他，見證他成長。」

有時熹晴反覆問同一個問題。「無論我怎麼說，他都不明白，依然在耳朵邊嘈吵，我就會說『停呀、停呀、停呀，讓我靜一靜！』」淑儀忍不住流眼淚，想讓熹晴知道嫲嫲不開心：「可是有次他竟然調轉頭提醒我：『嫲嫲請你控制自己的情緒，深呼吸。』」淑儀當下哭笑不得。

她覺得自己能夠幫助孩子，見得到孩子成長，很安慰，然而又不禁擔心熹晴適應了她的照顧和管教，一旦自己年紀大要離開，孩子未必接受到轉變。唯有提早教熹晴：「如果見不到嫲嫲，不需要掛念嫲嫲，你用心點讀書，嫲嫲會在天堂看著你，看著你

有沒有用心讀書，你用心學，嫲嫲會很開心，到你遲點上去見到嫲嫲，嫲嫲會跟你講。」

兒子再婚，新媳婦跟熹晴關係不錯，妹妹出世後，熹晴也開始叫繼母做媽咪，淑儀稍稍可以放心：「我甚麼時候死都無問題，我的責任完了。我常常說他有多幸福，我有多長命。」

兩嫲孫上街，熹晴會拖實淑儀，淑儀有時覺得肉麻，叫他不用拖得太實，熹晴答：「不行的！我要照顧嫲嫲。」如果嫲嫲老了，會孝順嫲嫲嗎？熹晴想都不用想：「當然會！」

聽不見與不理人 ────────

「你要拖實兒子，去到哪裡都要望實，不要讓他離開你的視線範圍。」孫仔浩明一出世，阿娟就這樣教女兒。

女兒聽力有問題，靠唇語和手語跟人溝通，生下浩明發現他有自閉症，非常不開心，阿娟於是盡力幫忙。

女兒在兩歲時被發現聽力有問題，在特殊學校畢業後在銀行上班，三十多歲才生下浩明，浩明兩歲她開始做全職媽媽，沒料到浩明會有自閉症。對於兩代人的「不幸運」，阿娟感到很難過，但想著能把女兒帶大，也可堅強地幫忙帶孫：「我自己捱過了，擔心女兒不知怎樣做。」

阿娟不時會在WhatsApp寫很長的訊息開解女兒：「我跟她

說要好好地培育孩子，不要鑽進牛角尖、想不開，對兒子好一點。她叫我幫忙，我都會幫，我能做的，都會做。」

由於女兒靠唇語和手語跟人溝通，阿娟就要負責教浩明講說話。浩明有點「黐脷筋」，聲量控制和咬字也不太好，之前讀一般的幼稚園，要很長時間輪候言語治療師，轉到幼兒中心，才有針對自閉症的密集訓練：訓練大小肌肉、學寫字、有言語治療師一對一教他說話。上了言語堂，浩明開心了很多，會主動望人、說話也多了。

自己找方法

浩明有時會自言自語，不正面望人，甚至大吵大鬧，有些人會以為他「百厭、曳」。「我感覺他好像生活在自己世界當中。」阿娟明白浩明，輕輕安撫，就會安靜下來：「他很乖，我會看著他，他知道你在，讓他有安全感，就會安靜下來。」

女兒每天陪浩明做功課，浩明偶然會不肯做，阿娟就會想辦法：「我叫女兒說：『約了婆婆食下午茶，快點做完功課才可以去。』他聽了，『乒鈴嘭唥』很快地就做完了功課。」

有一段時間，浩然很怕上廁所。阿娟猜想是去台灣旅行時，被自動沖水的廁所嚇到，回來後就很抗拒。為了幫浩明上廁所，阿娟會緊緊地摟著他，直到他肯尿在馬桶裡，一邊摟著，一邊說：「不用驚，婆婆在這裡。」

阿娟又教女兒帶兩條褲，不用每一次都迫著上廁所，就算濕了，也可以更換，讓浩明慢慢適應。

唯有樂觀

女兒提起幼稚園有隔代照顧家庭支援服務，阿娟馬上答應參加。祖父母們在一間房開小組，小朋友在另一間房畫畫，有時又會兩婆孫一起做手工，阿娟形容這是「享樂」，學到新知識，交到很多朋友：「人要向前望，不可以日日坐在家裡，甚麼都不會，也要跟人溝通，孫仔也可以跟一班小朋友一起溝通。」

在小組裡面，阿娟聽了其他祖父母的故事，大嘆：「家家有本難唸的經」。她特別心酸同組另一位婆婆：女兒生下第二個孩子後突然病逝，婆婆一個人只能照顧大孫，小孫要送到保良局。

「我覺得自己很幸運，有人比我慘，比我辛苦。」她說自己是樂天的，一直都選擇樂觀地接受：「女兒聽不到，要接受現實，孫仔有事，也要接受現實。只能夠向前望，不要想太多。」

未來難料

女兒聽障，阿娟深知讀書難，找工作更難，浩明將來會否也同樣艱難？「我不是不擔心，但也無法擔心這麼多。」她有朋友因為湊孫太緊張，患了思覺失調，便對自己說要學放鬆：「小朋友將來的路怎樣行，不能夠控制在我們手上。」

阿娟的心願很簡單：「做父母的都不會講回報，只有自己做得到就做，我希望孫仔和女兒幸福。」

背景資料：
香港學生的特殊教育需要 ————

惠珍和淑儀的孫仔都在主流學校讀書，而阿娟的孫仔從普通幼稚園轉幼兒中心，有特殊學習需要（Special Educational Needs, SEN）的孩子在香港讀書，可以有不同的選擇。

七十年代開始，香港政府提出融合教育的理念，一九九六年實施的《殘疾歧視條例》提到所有學校都有責任收錄有特殊教育需要的學生。在二零零三年及二零零八年，小學和中學分別全面推行融合教育，有特殊學習需要的學童（較嚴重或多重殘疾除外）可自行選擇到特殊學校或主流學校讀書。

這種雙軌式的教育制度實行至今，在二零一六／一七學年，全港的中小學有逾五萬名有特殊教育需要的學童，當中近八成半都是留在主流學校讀書。

識別特殊教育需要

　　《認識及幫助有特殊教育需要的兒童—教師指引》提到有十種特殊教育需要：特殊學習障礙（大部份是讀寫困難）、注意力不足/過度活躍症、自閉症、言語障礙、智力障礙、聽力障礙、肢體傷殘、視覺障礙、情緒行為問題及資優。有時學童不止有一種特殊教育需要，可能會有多重需要。

　　現時香港出世的嬰孩都會定期到母嬰健康院檢查，如果家長發現孩子有異常，像阿娟發現孫仔浩明行為異常，其實可以經母嬰健康院轉介，為孫仔安排兒童體能智力測驗服務。早點識別到孩子的特殊教育需要，就可以早點提供訓練和支援。

十種特殊教育需要

特殊學習障礙

包括讀寫困難、特殊語言、發展性協調、特殊數學運算及視覺空間感知：

- 有正常的智力和學習經驗，卻未能準確而流暢地認讀和默寫字詞
- 口語表達能力較文字表達能力為佳
- 閱讀欠流暢，時常錯讀或忘記讀音
- 儘管努力學習，仍未能默寫已學的字詞
- 抄寫時經常漏寫或多寫了筆畫
- 把文字的部件左右倒轉或寫成鏡像倒影
- 較易疲倦，需要更多的注意力去完成讀寫的作業

注意力不足 / 過度活躍症

- **注意力散渙**：與同齡學童相比，他們的專注力明顯不集中和短暫，容易受外界干擾而分心；做事欠缺條理，不留心細節，常有疏忽的表現
- **活動量過多**：在課堂中難以安坐，經常手舞足蹈或不停地把弄附近的東西
- **自制力弱**：時常沒考慮後果便衝動行事；不待問題完成便搶着說出答案；常打擾別人；沒有耐性排隊輪候；沒耐性依照步驟完成工作

自閉症

在社交發展、語言溝通及行為方面有明顯的障礙：

- **社交方面**：生活在自己的天地中，不善於察言觀色，不懂得易地而處，不善社交、與人建立關係
- **語言溝通**：口語發展遲緩，常運用刻板、重複或鸚鵡式的説話
- **行為方面**：經常堅持某些行事方式，如只乘坐某一路線的巴士或特定的座位，拒絕改變日常生活習慣

言語障礙

主要分四類：

- **發音問題**：發音時由代替音、省略音或其他錯誤模式引致語音不清的情況
- **語言問題**：對語言的理解及／或運用未達同齡程度
- **流暢問題**：開始説話時有困難或説話的流程有阻窒，即所謂口吃
- **聲線問題**：包括沙啞、失聲、音高不適當、聲量控制問題、鼻音過輕或過重等

智力障礙

- 與同齡朋輩比較，整體發展較遲緩
- 思維比較具體，抽象及邏輯思考力較弱
- 記憶力弱
- 注意力較短暫，容易分心
- 語言表達能力弱、掌握的詞彙有限、或有發音不準
- 四肢或手眼協調欠靈活，影響日常自我照顧的能力
- 社交能力較弱

聽力障礙

聽覺系統任何一部份出現毛病，聽力受影響，繼而影響言語及溝通能力。如聽力閾高於 25 分貝已屬聽障，可分為五級：

- **輕度聽障**（聽力閾由 26 至 40 分貝）
- **中度聽障**（聽力閾由 41 至 55 分貝）
- **中度嚴重聽障**（聽力閾由 56 至 70 分貝）
- **嚴重聽障**（聽力閾由 71 至 90 分貝）
- **深度聽障**（聽力閾在 91 分貝或以上）

肢體傷殘

泛指中樞及周圍神經系統發生病變，外傷或其他先天性骨骼肌肉系統發病所造成肢體上的殘障，以致某方面或多方面的日常活動受到妨礙或限制。常見的類別有腦麻痺、癲癇、脊柱裂及肌肉萎縮等都影響學生的行動、說話、書寫及日常活動

視覺障礙

可分為完全失明及低視能：

- 對光線沒有感覺，即沒有視覺功能，就是完全失明。
- 配戴眼鏡或透過手術矯正後，以視力較佳的一隻眼睛計算，視覺敏銳度為 6/18 或更差，即為低視能
- 根據視覺敏銳度及視野的情況，可再分為輕度、中度或嚴重低視能

資料來源：教育局《認識及幫助有特殊教育需要的兒童教師指引》、
教育統籌委員會1990年《第四號報告書》

情緒行為問題

出現以下一種或多種情況，並持續一段時間，嚴重影響學童學習表現：

- 學習能力受到影響，但並非智力、感官或健康的因素
- 未能與同儕及老師建立良好人際關係
- 正常的情況下，有不適當的行為或情緒表現
- 處於不開心或抑鬱的情況
- 因為個人或學校的問題產生一些身體徵狀或恐懼

可能會引發過度活躍、衝動、破壞性或自傷行為、逃避社交活動、過度害怕和憂慮、不適當大叫、發脾氣、學習動機低等行為問題

資優

指在以下一個或多個範疇有突出的表現或潛能：

- 智力經測定屬高水平
- 在某一學科有特強的資質
- 有獨創性思考，能提出創新而精闢的意見
- 在繪畫、戲劇、舞蹈、音樂等方面具天份
- 有領導同輩的天賦才能
- 心理肌動能力強，或在競技、機械技能或體能的協調有天份

學前康復服務

有特殊教育需要的學前兒童，可經由社工轉介至社會福利署康復服務中央轉介系統，申請及輪候不同的學前康復服務：

1. 幼稚園暨幼兒中心兼收弱能兒童計劃（I位）
2. 早期教育及訓練中心（E位）
3. 特殊幼兒中心（S位）
4. 到校學前康復服務（O位）

浩明最初在普通的幼稚園同樣有支援，屬於到校學前康復服務（O位），幼稚園跟機構合作，有外展言語治療師、社工等到訪，跟I位的學前康復服務有類似的地方，但提供I位的幼稚園內會有讀過特殊幼兒課程的老師跟進學童情況，每月除了會有言語治療課，個別學童也會有職業及物理治療課。

而提供E位的早期教育及訓練中心形式則類似補習班，每星期去一至兩次，進行個別或小組訓練，同時為家長或照顧者提供輔導，幫助他們紓緩教養孩子時的壓力、同時幫助他們學習新知識輔助孩子。

第三種提供S位的特殊幼兒中心，即是浩明後來轉讀的全日制課程，師生比例較前I位及E位高，平均一個老師對六個孩子，老師可以就著孩子的個別情況設計治療或學習計劃。特殊幼兒中心內亦有物理治療師、職業治療師和言語治療師，可以提供較密集的訓練。

需要服務的人多，輪候服務的時間很長。比如特殊幼兒中心，根據康復服務中央轉介系統輪候冊的資料，現時有逾二千人申請，部份地區如觀塘區仍在處理二零一六年四月的申請；深水埗則仍在處理二零一六年尾的申請。

學前康復服務輪候服務人次（截至2019年02月28日）

	輪候服務人次
幼稚園暨幼兒中心兼收弱能兒童計劃（I位）	1,213
早期教育及訓練中心（E位）	5,146
特殊幼兒中心（S位）	2,091
到校學前康復服務（O位）	1,230

資料來源：康復服務中央轉介系統輪候冊

三層支援模式

升到小學，特殊教育需要的學童理論上會有三層支援：根據教育局編制的《全校參與模式融合教育運作指南》，學校要因應個別學生的需要，調整課程，甚至為學生訂定「個別學習計劃」：

第一層：改善課堂教學，照顧有短暫或輕微學習困難的學生。

第二層：額外支援有持續學習困難的學生，提供「增補」輔導，包括有特殊教育需要的學生，例如進行小組學習、抽離式教學等。

第三層：加強支援有嚴重學習困難和特殊教育需要的學生，例如由專業人士、老師及家長為學生訂立「個別學習計劃」。

教育局會提供額外資源，支援學校照顧有特殊教育需要的學生，每間學校每年最多可得「學習支援津貼」1,652,434元，學校應該跟教師和家長商討學生的需要，但事實上不少家長並不知道有學習支援津貼，更無法監察學校怎樣運用津貼。

融合教育不易

　　惠珍的孫兒在主流學校上課，靠著藥物才能專心學習，但不是所有學生都能投入學習。

　　主流教育自閉學童家長會及學前弱能兒童家長會（主流教育小組）早在二零零六年的立法會上提出，不少有特殊學習需要的學生入讀主流學校後「因為能力不逮，支援不足，加上課程緊張，長期受壓，衍生各種問題，如：被欺凌、情緒緊張、抑鬱、甚至精神病。」

　　不單家長，教師在融合教育下同樣覺得無助，在香港教育聯會的二零一六年「教師對融合教育的意見」問卷調查中，有超過八成教師表示缺乏足夠時間照顧融合生、學生個別差異太大；也有七成半教師表示日常教學進度受到影響。

　　另一份平等機會委員會的「融合教育制度下殘疾學生的平等學習機會研究」結果顯示，有近一半有特殊學習需要的學生不滿意自己的考試成績；比起有同樣想法的普通學生多一倍。

第三章

兩地之間

　　越來越多家庭在中港之間遊走，祖父母無論願意與否，都要隨時「補位」。

　　香港人在內地結婚、媽媽以雙程證來回照顧香港的孩子、內地人在香港生下「雙非兒童」⋯⋯於是有些祖父母留在香港照顧孫兒，有些特地離開內地的家，來港照顧。

中港婚姻

年份	1996	2006	2016
香港男性與 內地女性結婚	24,564	28,145	15,300
香港女性與 內地男性結婚	1,821	6,483	7,626
香港登記結婚 中港跨境婚姻總數 （％是佔該年所有婚姻）	2,484 （6.7%）	21,588 （42.9%）	17,367 （34.7%）
聲稱在內地申請結婚 （獲發「無結婚紀錄證明書」）	23,901	13,040	5,559
中港跨境婚姻總數 （包括在內地申請結婚人士）	26,385	34,628	22,926

資料來源： 2018 年《香港統計月刊》專題文章「1991 年至 2016 年香港的結婚及離婚趨勢」

內地婦女來港生育

年份	2001	2006	2011	2017
單非兒童出生人數	7,190	9,438	6,110	3,826
佔全年出生比例	14.9%	14.4%	6.4%	6.77%
雙非兒童出生人數	620	16,044	35,736	502
佔全年出生比例	1.29%	24.4%	37.4%	0.89%

資料來源： 2018 年《香港統計月刊》專題文章「1981 年至 2017 年香港生育趨勢」

中港婚姻破裂後

　　秀姿的兒子在內地涉及官非，太太走了，孫女小如由親戚照顧。眼見小如到了讀書的年紀，兒子開口說：「阿媽，不如你在香港幫我看看有沒有幼稚園。」秀姿本來要照顧中風丈夫，再加上小如，頗為吃力：「都是為了子女，頂硬上都要負責，氣大人也不可以氣小朋友。」

　　小如現在六歲，完全靠七十二歲的秀姿一手照顧。

　　秀姿一開口就批評媳婦：「大陸女孩不生性，只想佔便宜，見他沒有錢，就常常去玩，唱卡啦ＯＫ、喝啤酒，玩到半夜一、兩點才回來。兒子跟她吵：『以前你是單身我不理，現在你有女兒，就要顧。』兩人一直吵，老婆走人，女兒不要了，我的兒子就要承受。」

　　更糟糕是兒子的公司涉及走私，兒子被牽連不敢露面，不能回港，連照顧自己也難。起初小如由姑姐和二叔照顧，到了要讀

書的年紀，秀姿不得不出手：「我找到幼稚園就接她來港。沒辦法，他們後生的要這樣，我們老的怎會不擔心？」

孫女不肯學

小如來到香港，秀姿要慢慢教：「香港小朋友好聰明，她不是。我帶她去街市，教她說話；買很多書，教她讀；英文就買發音的，按Ａ就會發聲那種玩具；數學除了買數字發音的玩具，還有活動板、道具，好像『1』是否像一枝竹？『2』是否像個鴨仔？幫助她有印象記得。」

小如並不太領情，一直被迫著學習。「初頭很惡，像她媽媽，臭脾氣，細細個就學會握拳，因為大陸就是這樣，會講『借開！不吃呀！』好惡，好難教。」秀姿耐著性子，堅持要教：「你不聽話，嫲嫲真的會打你！」

那時小如才兩歲多，不願坐定定吃飯，秀姿有次一怒之下，用頸巾把她綁在椅上，她大哭。「好，我管教不到你，你出去吧，我不要你了。」秀姿開門，拖她出門口，她卻拉著鐵閘不願走。「你不聽話，嫲嫲沒辦法教你了，嫲嫲不要你了。」秀姿說這次

之後，小如就變乖了，只要她大聲說：「你是不是要嫲嫲發惡？」小如就會聽話。

「她媽媽不負責任，我不教誰人教？體罰我都心痛，但應教都是要教的，我現在都不太喜歡她去內地，回去幾日又變頑皮。爸爸很久沒見，只會疼不會罵；大陸小朋友頑皮，一齊玩就變得不聽話！」秀姿很生氣。

老公多病痛

秀姿說，家裡從來都靠她撐住，丈夫嗜賭，當年連子女的利是錢也會拿走，她甚至想過自殺：「試過想要跳樓，但想到孩子還小，就沒有跳下去。」

「他中風後反而輕鬆，起碼不會賭錢，不用全家提心吊膽。」丈夫在二零零二年爆血管，秀姿一直陪他復康，現在可以用四腳叉行，但心臟和腎臟都有問題，並要定期去醫院抽肺部的積水：「一陣去腎科，一陣泌尿科，很多事幹，前天剛去覆診，昨天又去另一科，我覺得不是我，他一早死了。」

最煩人的，是一老一嫩不時爭執。「他中風後說話不清楚，

手腳不方便，常常説小如不尊重他，會跟小如吵架，單單打打，有次一腳踢她的椅子，踢到很遠。」秀姿很生氣，有時會大罵丈夫：「你話要做一家之主，你做吧，我都希望你可以做得到！一個小朋友沒有父母在身邊，你不要這樣對她！」

將來是拐杖

秀姿不時去健康院上課，有課程是教育小朋友，她每一課都去聽：「現在跟我們以前湊子女不同，以前要返工沒這樣緊張的；加上小如可能因為早產，專注力不足，老師都説她比其他同學差，已經多次調位坐。」

小如升上小學後，秀姿常常發火：「功課多了，小如又長大了，有時駁嘴，做功課不懂得做一味拖延。我要煮飯，她一陣就會拿書來問：『嫲嫲這個字怎麼唸？』煩不煩呀？」於是秀姿參加隔代照顧家庭支援服務計劃，向其他祖父母取經。

參加了小組後，嫲嫲覺得可以發洩一下情緒，感覺上會好一點：「聽人分享都差不多，湊小朋友都是勞氣。好處是大家聊天，説著説著也會學到不同的方法，社工也教一些。」

她説昨天本來要發脾氣，突然記起小組教的：走開，喝口水冷靜一下，脾氣就消了。

勞心勞力照顧一大一小，秀姿擔心身體負荷不了，試過追電梯時差點跌倒。「唯有見一步拆一步，做到不能為止。」

日後當小如不需要貼身照顧時，秀姿又怕她媽媽就會現身爭「社會福利」。「小如是別人父母的，我沒所謂，要帶走就帶，我輕鬆點。」她説畢，語氣一轉，又希望小如會一直在身邊：「現在她生性，會問：『嫲嫲你哪裡痛呀？』幫我按摩。她昨天知道我累，拿張椅子墊高去洗碗，我好開心。希望她長大可以幫我，我一年一年老去，盼望她將來做我的拐杖。」

86

為了雙非孫兒 ——————————

　　周嫲嫲在孫女珠珠兩歲十個月大時，接她來港：「別人的爸爸媽媽在香港，你的在大陸，所以你更加要努力學習。」

　　文姐的孫女恩恩三歲多：「她問我：『為甚麼哥哥姐姐在紹興，我就在這兒呢？』我只好解釋，因為你在香港出世，就要在香港讀書了。」

　　周嫲嫲和文姐都是在六十歲過後獨力撐起一頭家，為了湊大雙非孫女，想盡辦法。

　　周嫲嫲跟內地前夫生下三子女，來香港工作後遇到第二任丈夫，再離婚後獨自在香港生活。她本來想回大陸和女兒住，但兒子跟媳婦決定來香港生孩子，託阿媽幫忙照顧。

　　「我那時候不知道這樣辛苦的，以前子女讀書也不用我理會，誰知現在學校這樣多功課，不理會又不行。」周嫲嫲堅持要讓珠珠補習：「現在她三年級，如果不好好補習，四年級就趕

不上。她在學校也有功課輔導，但回家不懂做功課，還是要去補習社。」

她領綜援，每一筆錢都記得清楚：「補習費要一千零五十元。」

兒子雖然有寄錢給她，但金額不多，嫲嫲在各方面都盡量省錢：「我們到哪裡都是走路的，每天都跑步回來學校，沒乘過一次車，要行二十分鐘左右，當做運動。我知道辛苦，但我覺得應走路就走路，應乘車就乘車，應花錢就花錢，我也不是不給零用錢，應吃就吃。」

星期日，周嫲嫲會帶珠珠返教會：「有導師，有姐姐，所以她喜歡上教會，每個星期日兩時半至四時有功課輔導。教會挺好的，我有一次被滾水燙傷了腳，要往醫院洗傷口，教會的人就幫我接送孫女。」

周嫲嫲也有自我增值，參加小組活動：「小組有影片看，我學了如何教導小朋友的理論。我想看看別人的做法，為甚麼他們是這樣教小朋友，我是那樣教小朋友的？我教小朋友，你可以說我很嚴格，也可以說是很放鬆。」

僅僅夠生活

文姐也是靠綜援過日子，僅僅夠一家生活：「我們來香港後，兩公婆都沒工作，就靠孫女和家婆各自二千多和三千多的綜援。當然要省錢，沒情講的。」

文姐的丈夫是超齡子女，當年沒法跟著父母定居香港，五年前才申請到港，而他們的子女就決定來香港生下第三個孩子恩恩。雖然太爺太嫲都是香港人，恩恩的身份卻是雙非。

丈夫可以定居香港時，恩恩也到了讀幼稚園的年紀，就靠文姐領雙程證，每三個月來來回回照顧。「那時叫媳婦來香港生一個，以為可以用照顧嬰兒的理由，申請兒子和媳婦來香港，怎料到現在都沒有這樣的政策。」文姐去年好不容易得到單程證，可以留在香港，丈夫就回大陸住，留下她一個照顧八歲的孫女恩恩，以及九十二歲的家婆。

「奶奶沒法走路，肺氣腫，走幾步也很費勁。我又要照顧恩恩，以前我帶大四個子女，還不夠帶這一個孫女忙，香港教育好多事要做。」

盡量討資源

文姐唯有幫恩恩申請綜援，並在學校、社區找了很多免費課堂和活動，讓恩恩學習：「初初一年級，她英文不合格，好像我們這樣的環境，沒錢去補習，但屋企樓下有一個基督教的機構，久不久有些活動，拿綜援的只需付會員費二十元，有人教她英文，成績就逐漸好。活動也不用錢，我就報了讓孫女學。」

文姐很會為孫女找免費娛樂，平時跟恩恩四處去，常常到圖書館：「就算我未拿到香港身份證，因為滿六十五歲，一樣可以用長者八達通，乘車才兩元。哪兒也會去，藍田圖書館、調景嶺、彩虹，甚至中央圖書館，辦了借書證就可以借回來看。」恩恩生日，兩人去海洋公園：「海洋公園入場費四百多元，但我有長者卡，不用錢，恩恩生日那天，又不用錢，就可以一起去玩。」

孫女和家婆的綜援加起來有五千多元，很快文姐自己也可以有生果金加長者津貼三千多。「這兒老人福利幾好，我們是農民，退休沒有錢，香港有兩餐飯吃，可以走走看看，照顧好孫女，就是這樣簡單。」

獨自來香港

麗娥整年沒停過從內地來港幫忙湊孫，十分頻撲：
「四個都是孫仔，嘩嘩聲叫。證件一開始是七日，差不
多一整年是每七日就來回一次，之後三個月雙程證，又
捱了一年，現在終於可以一次留一年。」

女兒有請外傭，但她心裡放不下四個孫：「那時小
朋友激我，女兒就說不用我湊，回去啦，但我心裡都是
想回來，要留在這兒。雖然不太懂教，但心裡還是覺得
要看著他們。」

麗娥是江門人，大陸一孩政策下只有一個女兒。女兒成家立
室，四年前全家到香港定居，麗娥就覺得一定要幫忙：「女兒是
自己的，責無旁貸要看著。第二個孫仔來香港讀書，我就來湊
孫。我自願來的，女兒唔叫你，你都要來！」

女兒請的外傭，麗娥嫌她不懂得湊BB，說話不標準：「連叫
孫仔起床都不識。」可是麗娥本身也沒有很多育兒經驗：女兒小

時由婆婆照顧，她在電子廠工作，要住工廠宿舍，一周只能回家一次。「阿女讀書也是寄宿，一星期回家一次，大家急急忙忙，連聊天也沒有時間。」

現在要帶孫，簡直由頭學起。

腳痛追不上

「最辛苦是細細個時，要洗澡、餵飯，上班還不及湊孫辛苦。」四個孫都有點小聰明，常常駁嘴：「我唯有跟他們講故事。我小時候吃飯，吃得到就吃下去，哪像你們，爸爸賺錢很辛苦的！以前哪有這麼多東西玩，滿屋都是玩具，不要浪費，人家做出來很辛苦的！」

孫子真的當故事聽，一句頂撞過來：「我爸爸有錢養我們，你就沒錢！」麗娥登時說不出話來。

雖然激氣，她提起孫仔還是笑不攏嘴：「大孫阿權甚麼都比你能幹；第二叫阿安，你叫他去哪兒，他都聽話；排第三是阿洋，會哄我笑；最細是阿耀，很好玩，會唱歌跳舞，又會講英文。」

麗娥覺得阿洋最「得意」：「他好好笑，會逗你開心。但也很好動，幼稚園時已爬得高高的，人家個個坐定他就玩，真的很貪玩。」有一次，麗娥去幼稚園接阿洋放學，老師找她談事情，才説兩句阿洋就不見了。「連老師校長都一起找他，死火，立即打給他媽媽，她説先找找，我就想，難道他回家了？」麗娥回到家裡看到阿洋，馬上打電話告訴校長：「嚇死我了，阿洋卻在大笑！」

自此之後，麗娥就在生活中多教導孫仔守規則。「有一日阿洋跟著我出街，他看見綠燈閃閃下，以為可以跑，嚇死我了，我追不上他！『你想死嗎？出事就問題大了。』我大罵，他卻説自己沒事。」

麗娥甚至會做戲嚇他們：「有時我會説『激死我』，阿權説：『你死就死啦！』我就詐死：『死了，我腳又痛，激氣得心又痛，我暈了。』他就又驚又怕。他會罵你，但也會擔心你，小朋友就是這樣。」

麗娥腳痛了十幾年，骨頭歪了加上退化，要戴護罩：「在內地看了好多醫生，按摩、針灸，在香港就沒了，私家醫生很貴，我不是這兒的人，不可以看公立的。有病痛就自己買藥吃算了。」

她帶孫仔上學走得很慢，孩子突然快跑，她追不上，孫仔笑

93

她既不懂打球，也不懂跑步。「我的腳怎會跑到步？」麗娥生氣了，孫仔就口甜舌滑說：「婆婆，將來我賺到錢，買輪椅讓你坐。」

無奈放棄婚姻

麗娥原本在內地有伴侶的。她和第一任丈夫生下女兒，後來丈夫走了，她就帶著女兒改嫁第二任丈夫。丈夫本身也有一個女兒，會照顧爸爸，她就放心來香港照顧孫兒。

「他腳不方便，有甚麼事我就要立即回去，禽夜都要趕回去。」如此來來回回，到第三年，麗娥決定離婚：「照顧到這邊，就照顧不了那邊，有得就有失，肯定不能樣樣都顧到。我自己決定要湊孫。」

「初初思想鬥爭很激烈，因為是我提出，他沒甚麼意見。現在不是三十幾歲情情塔塔那種，幾十歲，年紀大，我自己錫自己，他也不想拖累我。」現在麗娥跟前夫關係像朋友，間中會一起吃東西。「他現在生活幾好，我掛念他就用微信聊天，不像以前要趕回去。他找到第二個伴也好的，有人照顧。年紀這麼大，我還期望甚麼呢？他身體健康、精神、平安，我就安樂。」

這些年來，麗娥都沒有計劃在香港定居，因為朋友、姐妹都在內地，她想湊大孫兒就回家：「我不想辦戶口，我想回去。我在香港沒朋友。」

在內地她可以周圍走走，跟姐妹、同學聊聊天，想趁還能走動和兄弟姐妹去旅行。他日老了，她也不望女兒照顧：「我就去老人院吧。老人家是這樣，單單丁丁一個人，最緊要身上有幾個錢，花光它。」

還是愛孩子

麗娥很珍惜每一天的湊孫時光：「看著四個孫仔不會悶，真的，就算激氣都好。每天早上我會想：嘩！我又起到床了！雖然腳痛，動動又好了，自己安慰自己，能夠起身就開心。」

女兒叫她參加學校的隔代照顧家庭支援服務計劃，在學校跟其他祖父母交流湊孫經驗，她就去了。「大家談談孫仔如何百厭。」麗娥覺得相對同組的祖父母，自己不算辛苦：「有些很艱辛，雖然只是湊一個、兩個孫，比我更辛苦。隔代溝通，他有他講、你有你講。」她很喜歡大家一起「有傾有講」，不懂就學到懂。

送入兒童院？

「我情願去死，我都不去爸爸媽媽那裡，我要跟你一世。」慧玲很記得，孫仔曦曦說出這句話時才五歲。她害怕得哭了，緊緊抱著他：「你不能這樣說！」

自從開始照顧曦曦，慧玲就常常哭。

曦曦兩個月大，爸媽就離婚，媽媽在內地工作，爸爸幾個月後就交了女朋友，在珠海同居。曦曦從此在香港由嫲嫲爺爺照顧，每天也要和嫲嫲一起睡。

慧玲怕影響曦曦成長，沒有認真談過爸媽的事，直至曦曦讀幼稚園，察覺自己和同學不一樣。「小朋友放學，都是父母接送。曦曦見到我大叫：『媽咪！』叫完馬上捂著嘴巴：『不是媽咪，是嫲嫲。』我沒有作聲。」慧玲拖著曦曦回家，邊走邊問：「為甚麼剛才叫錯？很想念媽媽嗎？」曦曦卻問：「為甚麼我沒有媽媽？」

「你當然有媽媽，怎麼這樣問？」

「因為我從來沒有見過她。」

慧玲於是打電話給媳婦:「始終曦曦是你十月懷胎生出來的,如果你有點良心,你見見他吧。」曦曦媽媽卻說要工作,來不了香港,慧玲就帶著曦曦去深圳。媳婦說普通話,曦曦聽不懂,才半小時,媳婦就說要走了,趕著上班。「曦曦問媽媽下次可不可以去香港探他?當時我很想哭,他媽媽說下次會來,沒抱他一下就走了。」

一年沒見一次

第二年幼稚園中班親子旅行,曦曦再提出想見媽媽,慧玲於是再聯絡媳婦:「我說費用我出,請他媽媽來,她也答應,怎料之前兩天又說可能來不了。」慧玲很生氣,答應了小朋友的事,不能不負責:「曦曦每天回學校都說,媽媽會陪我,由內地來香港跟我旅行。我在電話大發脾氣:『你不要令他失望,你一定要來!』」

媳婦最後也來了,曦曦很開心,看見別人放風箏,也走上前介紹這是他媽媽。媳婦來港期間,不斷買禮物給自己的父母和弟弟,但沒有理過曦曦:「她周圍買禮物,買了一萬多元,可是連

一毫子也沒有給兒子。」慧玲越想越氣，媳婦回內地後，她特地打電話罵她：「你的兒子想買九十多元的東西，也不肯買，但給阿嫲就捨得買這麼多東西？你是不是人？就算是其他小朋友向你叫聲姨姨，你都覺得不好意思吧？」

曦曦現在七歲讀小學了，只是見過媽媽五、六次，而爸爸就見得更少。「不要提他爸爸了！曦曦一歲多時回來過一次，打電話叫他回來，也不肯。」曦曦爸爸的女朋友，本身在澳門有一對子女，慧玲很希望兒子能夠帶著曦曦一起生活：「最好他們可以組成一個家庭，不分你我一齊照顧小朋友，讓曦曦有一個家。最好不要再生小朋友啦。」

寧死不跟父母

曦曦剛上幼稚園，常常想見爸爸媽媽，可是到了高班，突然改變了。慧玲也不太明白：「從高班開始，他不乖，我就嚇他：『把你送返給爸爸媽媽』，他竟然說：『寧願死，也不要跟爸爸媽媽』。因為『從小到大爸爸媽媽都沒有養過我，一直以來都是嫲嫲養我，我當你是媽媽。你送我去爸媽那裡，便是讓我去死。』」

慧玲大哭問他：「你怎樣死？」

「跳樓、撞車！」曦曦答。

慧玲很害怕，緊緊抱著他：「不可以再說，你知道甚麼是死嗎？」她也不曉得為甚麼這樣小的孩子會講死亡。

曦曦也很抗拒去社福機構，慧玲說他看電視劇，覺得那些小孩子都是沒有爸爸、媽媽、爺爺、嫲嫲照顧的，並且很害怕自己會被送到孤兒院，慧玲沒好氣：「即使送你回爸爸媽媽那裡，也不會送你去孤兒院。」

「我要嫲嫲，不要爸爸媽媽。」曦曦很堅持。

打兩份工養三個人

有時慧玲和丈夫吵架，曦曦會害怕得跑出來大叫：「你們不要離婚！」

「我已經盡量避免當著小朋友面吵架。」慧玲跟丈夫關係不好，她很坦白，這是第二次婚姻，走在一起只是湊著過日子。丈夫已經七年沒工作，若不是平日會幫忙照顧曦曦，讓她可以做工賺錢，早已經分開。

曦曦讀幼稚園時，慧玲堅持送上學，也總是站在第一排接放學。「我不想他覺得沒有人要他。有一次腳痛差點不能來接，遲到了，他像雀仔一樣飛過來！非常開心見到我，我當時眼淚也流出來。」

曦曦升上小學，慧玲拼命工作：早上送曦曦上學後，便去火炭工廠大廈洗化驗員的工具，下午六時下班回家，買菜煮飯，替曦曦看功課，曦曦睡覺了，她再出門去紅磡做清潔，每天就是凌晨睡幾個小時。

一家三口都靠她工作，可是她仍然為曦曦買儲蓄保險，一個月供六百元。她說不懂得申請社會福利，最近才由社工幫忙替曦曦申請了一份一千多元的綜援，但學生資助一直申請不到。

難捨難離

曦曦升上小學後，慧玲覺得照顧越來越吃力：「以前一小時便可做完功課，現在顧著玩，兩、三個小時也只是做到兩題。」她說曦曦很聰明，在學校考第二、第三，書本讀一次，關起來便可以一字不漏背出來，越難寫的字越喜歡寫，但就是不肯做功課。

慧玲試過出手打，打完又忍不住抱著哭。「嫲嫲捨不得打你，但控制不了自己。」慧玲哭，曦曦也哭：「因為我不聽你的話，你生氣便打我。」

「你知不知道嫲嫲很疼愛你？」

「知道，因為你疼錫我才打我。」

有次慧玲弄傷腳，曦曦卻到晚上九時還未完成功課，晚飯也未吃，慧玲氣得想走開，曦曦堅持要她坐在旁邊，慧玲就動手打他——之後又是深深地內疚：「為甚麼我照顧到這樣？是我的錯，我可能有情緒病？」

她擔心因為家庭條件不好，拖累了曦曦，於是為他申請兒童之家，希望有更好的教育。「如果有好環境，有耐性的人去教，他可以很好的。這樣聰明的小孩，不要浪費了。」慧玲說曦曦很依賴，七歲了，仍然要她每天幫他刷牙、幫他穿衣服。

當然她也不捨得曦曦離開，有次她要覆診，讓曦曦去舅公家住一晚，她整夜都擔心他。慧玲此刻很忐忑，若然成功申請兒童之家，她可能不會捨得曦曦離開，但又想，周末就可以接回家，也許可以讓曦曦在更好的環境長大？

第四章

當我們走在一起

現代照顧角色改變、特殊教育需要、中港兩地脆弱的家庭關係⋯⋯不少祖父母感到壓力好大。

隔代照顧家庭支援服務讓這些祖父母在小組裡重新檢視自己的人生，孫子女也透過藝術創作，了解情緒和認識祖父母。

聽到別人，看到自己，突然對事情有新的看法。

祖父母的十堂課 ——————————

人物

郭加欣姑娘	計劃主任
余詠詩姑娘	社會工作員
梅婆婆	全職主婦，最近要幫忙照顧孫女
蘭婆婆	女兒離婚，曾跟孫女一起生活 現在是輔助支援角色
竹婆婆	全職主婦，照顧兒子一家四口
菊婆婆	兒子離婚，突然需要照顧患上自閉症的孫兒
桃婆婆	年紀最輕，幫助年輕女兒，照顧三個孫

第一課：祖孫一起上課

主題：祖孫合組活動

五對祖孫互相認識。郭姑娘介紹隔代照顧家庭
支援服務計劃，余姑娘派發紀錄冊，
祖孫合作設計封面、繪圖及貼上顏色紙。
郭姑娘跟祖母們作小組前測問卷，評核祖孫計劃成效。

下課鐘聲響了。

課室裡，仍有幾位學生未下課，但走進課室的，不是教師，
是幾位中年婦人。

腳還未進課室門，一位男生大喊一句：「婆婆。」，隨即跑去
抱著其中一位長髮的年輕長者桃婆婆。其他幾位小學生仍然乖乖
坐著。但一張一張的小臉，笑得燦爛，興奮地介紹：「這是我婆

婆。」「這是我嫲嫲。」

在課室看到熟悉的家人，跟婆婆或嫲嫲一起上課，對他們來說，很有新鮮感。而婆婆嫲嫲們踏進課室前，大多數以為這是陪孫兒玩樂或學習的小組。「大手牽小手，是祖孫一起完成某些事情吧。」竹婆婆這樣解讀。

隨行的還有社工郭姑娘、余姑娘，還有幾位義工姨姨。「這個隔代照顧家庭支援服務計劃，目的是讓祖父母的智慧和關愛，更有效地傳遞給孫仔孫女。」社工郭姑娘解釋。余姑娘彈起小結他，祖孫們圍著圓圈，音樂停了，他們就要答問題，介紹自己。這班小學生大多來自同一班級，平常上課讀書以外，甚少有一起玩樂的時間。

他們的祖母們也是甚少一起參與集體遊戲。「我平時要煮飯、做家務，接送孫兒上學，回家不是催他做功課，就是沖涼、吃飯、睡覺，一起參加活動還是第一次。」竹婆婆說。

他們第一樣要合作的，是為紀錄冊設計封面。余姑娘向他們派發顏色筆、貼紙等手工材料，讓祖孫一起動手做手作。每次小組，余姑娘會為他們拍攝即影即有的合照，再把相片貼在紀念冊。義工在幫忙派活動物資外，也在觀察祖孫們的合作情況。

竹婆婆的孫兒乖巧地聽著指揮。祖孫一個塗膠水，一個把剪紙貼上封面；梅婆婆只在旁陪伴，任由孫兒發揮；也有直接躺在婆婆大脾的孫兒，就是桃婆婆的孫兒，怎麼也不肯動手做，整個封面幾乎都是婆婆完成。義工還說他對婆婆又抱又攬外，對義工也一樣，初次見面，就是躺在義工大脾。桃婆婆說孫仔是長子，家裡有兩個弟妹，弟弟剛入幼稚園，妹妹仍未入學。「他在引人注意呢。」桃婆婆說。

郭姑娘會在工作坊前先派組前問卷，希望在所有工作坊完成後再填組後問卷，評估成效。其中一條題目是：「照顧孫子女時，有沒有困難？」她們大多填沒有，並說：「大致上都是這樣吧。」「沒有甚麼特別呢。」每個人都自覺有能力管教。

郭姑娘說這才是第一課呢，大家先認識，日後再聽她們說故事。

第二課：祖父母講故事

主題：祖孫生活

祖父母組：郭姑娘問彼此對計劃的期望，祖母自選
　　公仔來介紹三代家庭，開始說故事。

孫子女組：彼此認識，認識自己。小組最後十五分鐘，
　　祖孫再次合組，孫兒會向祖母展示自己的自畫像。

第二課開始，祖孫分為兩組，在兩個課室進行。

郭姑娘再次向祖父母介紹計劃的目的，問在場的祖母的期望。桃婆婆說：「期望跟孫兒融洽一些，跟其他家長交流，彼此學習。」她說自己來學習，因為每個人出發點不同，就可以取長補短。

　　蘭婆婆直言對參加小組沒有特別期望，只是女兒報名，説要她們一起參加，所以盡量安排時間來。「不想小朋友失望嘛。」她説從沒有聽過學校有讓祖孫一起參加的活動。

　　另外竹婆婆説：「新抱問我來不來，看看有甚麼引導孫兒的。大手牽小手，即是要拖實孫兒吧。」她笑説孫兒上星期回去，不停重複説起小組的事，似乎很喜歡這種活動。

　　祖母們今天要講自己的故事。郭姑娘在書桌上放滿各式公仔，有卡通娃娃、動物、機械人等。這上百個的公仔，他們分別各選三個，代表自己、子女、孫兒。有的看到兒女或孫兒喜歡的卡通角色，就立即拿下，蘭婆婆説：「女兒是米奇老鼠，因為她屬鼠，而孫女最愛紫色又愛小馬。而我是這個四眼公仔，嘴不停的，時常依依哦哦提醒女兒和孫，我女兒時常説我很長氣呢。」有的拿起公仔認真細想，拾起又放下。梅婆婆口裡更唸著：「我不懂得選呢。」

　　郭姑娘再給各人一張顏色紙，隨心擺放公仔的次序和距離，也解釋祖孫三代家庭的關係。桃婆婆用站在前頭的斑馬形容自己，其他家人是陀螺，孫兒就是獅子。她説：「一定要站在最前面，有甚麼風風雨雨都可以幫他們擋，為他們引路，否則他們就

像陀螺，轉來轉去，找不到路。」

　　訴說生命故事，是祖父母對人生的重新回顧（Review），回顧經驗，重尋生活及管教智慧。郭姑娘解釋這是最快的方式去掌握他們的背景，了解他們教養孫兒的情況。不過每組有六至八個長者，每課只有個半小時，尤其在小組裡，時常出現教育程度和母語不同的祖父母。如何訂立介入點，讓他們可以説出自己的故事，並不是易事。「之前曾用過生命樹、身體痛症，現在用了公仔，祖父母比較易説出自己的家庭情況。」

　　另一邊的課室，孫兒們在余姑娘的帶領下畫出自畫像，旁邊還有他們喜歡的食物。在課堂最後十五分鐘，祖孫再次合組。祖父母就要去猜哪幅是孫兒的作品。

　　竹婆婆一看：「這是我孫仔的，他畫的公仔頭髮都是這樣的。」蘭婆婆看著孫女的作品説：「她旁邊的食物，可能是雪糕也可能是白飯，因為她兩樣都喜歡吃。」孫女被婆婆猜中，笑得非常開心。祖父母也很高興，她們説：「我了解我的孫兒。」

第三課：尋找支線故事入口

主題：祖孫生活

祖父母組：祖母繼續用自選公仔來介紹三代家庭，
訴說自己的家庭故事。

孫子女組：孫兒學用黏土認識情緒。小組最後十五分鐘，
祖孫再次合組，孫兒會向祖母展示並解釋自己的想法。

在第三課，祖父母繼續用公仔來說故事。

這次輪到梅婆婆，過去幾次她幾乎沒有發表過意見，她口邊
常說：「我不懂分享，很少講話，不懂講話。」她也是花最多時間
選公仔的，她用了泥人來形容自己：「甚麼也可以。甚麼時候都
是子女行先，我們行後，好似鴨仔。」她有五個子女，現在仍跟

三個子女同住，當中兩個已婚，有小孩。

其他祖母聽到，嚇一跳。紛紛問：「即是新抱、女婿也願意住在一起？」「你的房子很大？」梅婆婆靦腆地說：「六百多呎，有五間房，都是自己間隔出來的。」這麼多人一起住，家務應該很繁忙。梅婆婆說：「大家都很乖，有幫忙做家務，很易照顧。」

跟她一起參加小組的孫女，以前曾一起居住。她用一個看著書的公仔代表孫女。「她很喜歡看書。」其他祖母都不禁羨慕說，這麼乖巧是怎樣教得來，梅婆婆也只是笑而不語。最近梅婆婆每天從沙田來往屯門，照顧孫女。「她家在換工人，我來幫手。自己的孫，怎樣都要照顧的。」她用兔子來形容女兒，很純品，又說其實五個子女都一樣。「他們對我好，我也會對他們好。」

而把三個公仔圍在一起非常親密的，是蘭婆婆。「我們甚麼也會跟對方說。」說起女兒離婚，她哭了。女兒對孫女的管教更嚴緊，其他祖父母擔心地說：「孩子的壓力會很大。」她知道多關心，但孫女的教養都該由女兒話事，只好待女兒的生活環境改變，心態不同了，再慢慢開解。郭姑娘問：「這是你的盼望？」蘭婆婆苦笑著說：「是，人總是有希望的，不會時常都是衰運的。希望在明天，我也是這樣鼓舞自己。」郭姑娘問：「所以看到你怎

樣辛苦都在笑？」蘭婆婆答：「無錯，怎樣也要笑。傷心也是一陣子，之後就會忘記。」

竹婆婆則選了鐵甲人代表自己，兒子是超人，一起照顧著像小熊般的孫兒。孫兒有學習障礙，她說：「其實他很有想法，只是反應慢，不懂表達。」嫲嫲心痛地說細孫兒只有三歲已懂說完整句子，比參加小組的哥哥還要快。希望大孫兒也可學得快點，專心點。「阿媽辛苦你了！」兒子這樣對她說，郭姑娘問：「你覺得這句說話代表甚麼？」她答：「他也知道我的辛苦吧。」兒子想請工人，她卻說：「工人只是煮飯清潔，沒有大幫助。」其他祖父母也認同，郭姑娘問：「那麼你覺得最重要是甚麼？」竹婆婆說：「親力親為，照顧要貼身了解才行。」

在課堂最後十五分鐘，祖孫再次合組。孫兒學會用黏土表達情緒，有的用紅色黏土代表憤怒，說起平常被弟妹欺負。哭過的蘭婆婆，看到孫女雖沒說甚麼，但比平時坐得更近，輕輕擁抱自己孫女。義工表示蘭婆婆的孫女說話很老成，如去洗手間，她會說：「我自己可以處理，不用擔心。」

第四課：困難與智慧

主題：困難與智慧

祖父母組：郭姑娘播放影片，跟祖父母討論隔代照顧家庭面對的困難，找出他們的智慧，建立新生命故事。

孫子女組：孫兒透過畫作，回顧與祖父母一起開心難忘的時光，檢視與祖父母之間的關係。

郭姑娘播放短片，講述一個隔代家庭的嫲嫲，照顧離婚兒子和自閉孫兒，日常照顧有很多需要注意的事，不過最困難是教功課。「今日我們來說說照顧孫兒的困難，看到影片，大家有甚麼感覺？」

不少祖母都說：「大家都一樣的忙，生活都以照顧子孫為主。」「連午睡也不行，閉一閉眼都怕孩子會跌跌碰碰有意外。」

也有說起婆媳問題:「女兒可以直話直說,新抱再好都是有隔膜。」有人回應跟新抱很要好,連女兒都吃醋。

兒子離婚,孫兒也有自閉症的菊婆婆說:「我一直是工作狂,現在全職照顧孫兒,所有事情都要從新學。像功課,做得慢,也不懂得教,只有等兒子下班回來。」菊婆婆是第一次出現在小組的活動裡,小組剛開始時,來的是她的新抱,離婚後已搬走了。之後參加小組的,是與她同住的女兒。女兒曾說過:「媽媽很偉大,子女有甚麼需要都會幫忙,所以我也受她感染,也會幫忙照顧。」菊婆婆為了照顧孫兒,剛剛決定辭職。她的孫兒很喜歡火車,開心的時候會拍掌,與人溝通有一定的難度,要他做功課更是困難。

提起功課,大多數的祖父母都有同感。有的感慨地說:「以前照顧子女是天生天養。」也有的說:「我也一樣,跟我們學的不同了,除非真的再去上堂。」也有提醒要去找補習,不能天天都等父母下班教。郭姑娘問:「功課的難,是怎樣的難,太多?還是不懂得教?」竹婆婆煩惱地說:「孫兒是看心情,心情好做得快。不喜歡,怎叫也不肯做。」她的孫兒學習上也有困難,因為專注力不足。

把敍事治療放在小組進行，郭姑娘曾擔心祖父母聽別人的故事，未必很投入和專心。所以她運用小組技巧，邀請其他祖父母提出意見，或者問他們有否面對相同的情況？祖父母互相給予意見、鼓勵，建立關係網，即使小組完結了，也可得到更多朋輩支持。「在其他小組中，有新來港的婆婆，本來說自己沒有朋友，參加小組後就多了六個，都是同組的祖父母。」郭姑娘說。

　　在課堂最後十五分鐘，祖孫再次合組，祖父母再次看到孫兒的畫作，主題是跟祖父母一起做的事。有孫兒分享，畫中是婆婆帶她玩鞦韆，連太陽也是展現笑臉的。有孫兒的畫，畫滿糖果，都是婆婆給她的。還有寫滿巴士號碼的，原來是嫲嫲時常帶他帶搭巴士。剛剛說起照顧孫兒困難的祖父母，臉上煩惱都消失，滿是笑容。

第五課：重新整理

主題：管教智慧集結

祖父母組：郭姑娘整理過去幾課，祖父母所提及的家庭情況和困難，並透過敘事提問及對話，重寫生命故事。

孫子女組：孫兒透過家庭模型，製作和展示他們眼中的家庭。

郭姑娘為每位祖父母遞上一張紙，紙上整理了過去幾課大家所提到的困難，以及面對的方法、智慧和心得，藉以重新建構，肯定祖父母的角色和意義。有的即將要照顧自閉症的孫兒，教功課是最困難的，但做人要向前，只有盡力做；也有的沒有面對很大困難，只是覺得生活很忙，過去得到過媽媽奶奶的照顧，要將傳統承傳下去。

除了為祖父母整理生命故事，郭姑娘向每位祖父母都提出

一個問題。「陪伴孫兒成長，你的孫兒會用甚麼來形容你？」郭姑娘問。「『婆婆你真係好好！我好鍾意你！』每次聽到都覺得心甜，甚麼辛苦、睡不夠，都完全忘記了。」桃婆婆説。

郭姑娘又向即將要照顧自閉症孫兒的菊婆婆問：「放棄工作照顧孫兒，作出此選擇的原因是甚麼？」菊婆婆答：「現在需要我來做，我就做。現在也是改變的年紀，再遲定了型就太遲。不知道他將來會怎樣發展，或者有奇蹟呢！當然他普普通通也沒問題，快樂就沒有所謂了。」

郭姑娘在書桌上鋪滿數十張的相片，有動物、植物、風景等，這位嫲嫲選了一張海的相片。「希望他的人生是海闊天空，長大可以四處去見識，認識這個世界。我也喜歡去玩，不過現在照顧他是最重要，因為他的人生還有很長的路要走。」問：「以自己的生活讓年輕人延續未來？」菊婆婆斬釘截鐵地説：「當然沒問題。假如用生命可以換到他更好的未來，我也會換。」

另一個班房裡，孫兒們用公仔説他們的家庭模型，跟祖父母的第一課相似。祖父母看到孫兒擺放的家庭，顯得很好奇，余姑娘説小朋友選擇的公仔，原來都有特別意思。有孫兒用恐龍代表弟弟，因為弟弟喜歡恐龍。也有孫兒用鯊魚代表弟弟，因為弟弟很惡，時常欺負他。

第六課：塑造新意義

主題：隔代照顧的新意義

祖父母組：郭姑娘跟祖父母回顧他們孫兒擺放的
家庭模型，讓他們可以逐一回應。透過相片圖卡分享
對自己的新認識，建立新生命故事。

孫子女組：讓孫兒以心意卡表達對家庭的感謝及渴望。
最後祖孫合組，孫兒會向祖母送上感謝卡。

郭姑娘跟祖父母回顧孫兒們的家庭模型。

有孫子用四個士兵代表自己，因為很喜歡自己。那位時常微
笑的孫女，用士兵來代表自己，因為自己想變得更強。郭姑娘
說：「家庭模型很立體呈現孫兒們的想法。」祖父母耐心聽著，希

望多了解孫兒。像蘭婆婆離婚家庭長大的孫女，在上一課不想在其他小朋友面前介紹自己的家庭模型，因為她把自己、媽媽放在一起，婆婆在模型的中間，而爸爸跟工人姐姐在模型的另一端。她跟余姑娘説：「爸媽分開了，不是一起住，這個家是不開心的。我想父母一起住，但不開心會消失，過一段時間就消失了。」

蘭婆婆聽到苦笑起來。郭姑娘又説起這幾個星期的觀察，就是這個孫女沒有很多的笑容。「她有成熟的地方，有收起來的心事，你覺得是這樣嗎？」。蘭婆婆説：「平時她跟我甚麼也會説，沒有甚麼不開心似的。」郭姑娘：「或者她在保護自己珍惜的人和事，所以甚麼都沒有説。」「六歲的女生，好像太成熟了。我會多花時間了解她。」她再次苦笑。

郭姑娘在書桌上再次鋪滿數十張動物、植物、風景等的相片，從相片引導祖父母聯想到個人特質和能力。這次蘭婆婆選了一張日落的相片，她哭著説：「希望在明天。」郭姑娘問：「今天的眼淚是為甚麼而流呢？」「為了女兒和孫兒。女兒知道我疼她的，雖然有時會頂嘴，因為教孫方法不同，但很快就不記得，相信她也是一樣。我眼淺，但不會在她面前哭，怕她不開心，有時也忍得很辛苦。」其他祖父母都安慰她：「有時要釋放一下。」「要

堅強才可以成為支柱。」她說：「對，我堅強才可以幫她。」

上次選泥人代表自己的梅婆婆，這次選了狗的相片。郭姑娘問她，狗狗代表了甚麼？她答：「我自己，守住屋企。」大家勸她要趁年輕多去旅行，不要守在家裡。她卻說：「我寧願留在家，而且孫子女年紀還小，怎能走開。」

小組的最後一課，孫兒們為祖父母製作感謝卡。患有自閉症的孫兒，在郭姑娘提問下說：「謝謝嫲嫲，將來要帶她去日本。」讓菊婆婆笑得不合攏嘴：「乖點就可以了。」桃婆婆的孫兒畫了一杯雪糕，說要跟婆婆一起吃。還有竹婆婆孫兒寫上「多謝！大手軒（牽）小手」，這是竹婆婆之前教他的，軒正是他名字。祖父母收到孫兒的感謝卡，露出滿足的笑容。

小組的第七、八、九課都在日營裡發生，
是祖父母、子孫三代唯一共同出現的場合。

第七課：三代在一起

一人一故事劇場 / 音樂 / 藝術活動：

郭姑娘邀請劇團跟三代人一起玩遊戲，並創造平台
讓三代講自己的故事。在一人一故事劇場，觀眾分享
自己的故事和感受，再由演員即時把片段重現。

劇團讓大家圍圈，隨音樂互相介紹，三代人也很投入介紹自
己。尤其孫兒們，笑得張大嘴巴，因為平時只得祖父母陪伴，能
夠有父母一起去玩，份外興奮。平時上班工作的父母們，雖然都
面露疲累的面容，但也盡量投入遊戲之中。「平日他睡了，媽媽
才下班，很難得一起去玩。」竹婆婆説。

此時劇團搬出幾把椅子，加上不同顏色的布料，組合臨時劇
場。邀請三代分享自己的故事。透過即時重現故事，三代人看到
演員演繹出自己的人生，從第三者角度看，大家一起大笑，甚至

一起哭。曾有祖母分享獨力照顧孫女的事，看到扮演自己的演員，重現自己面對的照顧難題，得到子女和孫女的感謝。他們都覺得很感動，即使會哭，但也是很開心的體驗。

　　當然很多時候，都是生活瑣事。有女兒說自己工作很忙，早出晚歸，能夠一家人去旅行是最開心的。看到演員扮演忙碌的自己，或者帶著一家去旅行，女兒笑著說：「平日的我，真的是這樣的。」有孫兒講起去坪洲探望祖父母，可以踏單車也可以跟小狗玩。他的媽媽驚訝地說：「原來他記憶力這麼好，我沒留心的事，他也記得一清二楚。」也有婆婆說喜歡女婿煮的飯菜，希望時常有機會吃。女婿臉紅著說：「我廚藝沒那麼誇張，可能我最近沒時間煮，她想我煮吧！」台下的三代，平時甚少時間聚在一起，看著即興表演，一起嘻哈大笑，看似瑣碎的細節，但也是這些家庭的日常生活，讓他們很有同感，甚至道出難以啟齒的說法，讓一家人更加深認識。

第八課：兩代之間的釋懷

主題：祖父母與子女對談

三代活動後，兩代作交流回饋。

午飯前郭姑娘讓祖父母跟子女有坐下來聊天的機會，再次聯繫（Reconnect）也是日營的目的。

郭姑娘問兩代人：「整個早上一起玩，對彼此有沒有新發現？」蘭婆婆女兒說剛才在「有口難言」的遊戲，蘭婆婆很快就猜對孫兒的答案，相反她一個也猜不中。「媽媽常說了解我的女兒，無可否認的。其實我跟女兒都是很嘴硬，不肯承認被看穿了。」女兒說。蘭婆婆說：「還有你，話未說出口，我已經知道你要甚麼。」郭姑娘問：「如何令你們更容易相處？」女兒說：「有時不用樣樣說出口。」蘭婆婆回答：「好，我現在知道了，會按捺自己，不要事事說出口。」

菊婆婆說：「大家說出來，其實都是大家的心聲。」她的兒子

很少看到孫兒跟別人互動，今天卻看到孫兒的成長，菊婆婆兒子說：「看到阿仔很投入參與遊戲，也說得出同學的名字，看到他有很大進步。」其他祖母都異口同聲贊同，並說起各小朋友在小組的成長。

第九課：陪伴自己的成長

主題：生命中陪伴自己成長的人

祖父母組：郭姑娘著祖父母分享童年時陪伴自己成長的人，及在其身上獲得的智慧、信念、得著。

孫子女組：親子活動。

午飯後，子女帶孫兒到戶外活動，祖父母們再聚在一起。郭

姑娘為每人送上一份屬於她們自己的生命故事，並逐一讀出。祖父母感動地說：「寫得真好，美化了我們的故事呢。」

然後郭姑娘問她們：「回看人生中，誰是影響你們最重要的人，以至讓你成為今天的自己？」敘事治療中，這是會員重組對話。人若獨行很易倒下，每個人都要找到支持自己的人，這個人可以是朋友、記憶中的人，甚至是童年的自己。

「靠人人倒，靠山山倒，靠自己最好。」桃婆婆說。「這是我的恩師告訴我的。」不少祖父母當下都明白影響自己最深的，或者可以依靠的，就是自己，「環境迫人，自己就要向前行。」「走到這裡都是靠自己的性格。」「沒有人可以學習，只是見步行步。」祖母們說起自己年輕時遇到的困難：有人的丈夫賭博，幾個子女都是自己辛苦工作養大的。最大的安慰是：「現在他們都很乖。」所以現在要她全力照顧孫兒，她覺得是必須要做的。

另一個患過重病，花盡家財才醫好，曾經想過自殺，堅持也因為子女。「我曾經坐輪椅，醫生都是沒辦法，現在我能夠再次站起來。沒有甚麼是沒可能的。我的女兒現在過得不好，不代表她將來沒有好日子。」蘭婆婆哭著說，但她仍然覺得人生應該抱有希望。

還有一個做過三個大手術，身體只剩下空殼似的。「新抱也沒聽過我說這些，因為難過的事已過了，掛在口邊也沒有甚麼用。」竹婆婆說。說起往事，他們不禁說：「這麼困難都經歷過，真的很叻，還有甚麼好害怕呢。」

對比現在照顧孫兒的難，他們覺得都會捱得過去。讓祖父母從過去的人生找到前行的力量，是郭姑娘鼓勵她們道出自己故事的原因。有祖父母聽到別人的故事，都說受到激勵：「自己其實很幸福，困難跟她們比較，只是蚊脾同牛脾。」

在最後的小組，把自己的鬱結說出來，蘭婆婆說：「郭姑娘鼓勵我說出來，雖然不知道別人是否相信，但說出來感覺舒服多了。」

最後郭姑娘為祖父母預備給孫兒的禮物，是木牌鎖匙扣。她邀請祖父母在木牌鎖匙扣上寫上自己最希望傳承予孫子女的特質或祝福。初時祖母們困惑地，不知道該寫上甚麼。郭姑娘說：「寫上你們認為最重要的吧！」最後她們分別寫上：意志堅強；開心成長；學業進步；明天會更好，這是對孫兒的祝福，也是祖父母的盼望。

第十課：感謝的淚水

主題：靜聽心之迴響

三代活動，証書頒發及嘉許。

日營的最後一個項目是頒獎禮，這是對隔代家庭的再次肯定（Recognise）。

郭姑娘和余姑娘總結每對祖孫在小組的參與情況，並邀請三代一起上台。祖父母向孫兒送上寫滿祝福的鎖匙扣，子女頒發小組的證書給祖孫。而孫兒在每課的畫作被製作成作品集，讓他們可以收藏留念。

午飯前解開心結的兩母女，在台上擁抱在一起，哭成淚人。雖然小組連日營只有九課，但祖父母都説：「獲益良多。」「學到照顧孫兒的知識。」而得益的不只孫兒，還有她們，都對教養孫兒、跟子女溝通，甚至對自己的過去也釋懷了。「有機會説自己的事，抒發出來，感覺舒服多了。」

社工郭加欣：向「湊孫專家」致敬 ——

在「智愛·承傳 —— 隔代照顧家庭支援服務計劃」三年，主領近三十個長者小組，見證過百長者的湊孫故事，感恩長者願意分享，甚至藉小組發現了更喜歡的自己及生命方向，我相信當中有賴敍事治療及小組的力量。

再走入「梅蘭竹菊桃」的故事……

梅婆婆打從第二節小組最常講的一句話就是：「我唔識講。」可能對她來説每天照顧子女孫兒是最普通不過的事，沒有值得深究的地方，組員分享時她總是默默地聽。但小組工作的美好就在小組組員間的互動中，當其他婆婆對梅婆婆竟然可以與女婿、新抱和諧共處於同一屋簷下讚歎不已，就讓梅婆婆感受到自己的不平凡。

在第六節小組，經歷了過去小組的整理，梅婆婆更了解自己的信念和能力，選擇了用狗的圖片來代表自己的堅持忠誠、捍衞家庭，即使組員紛紛游説她要去旅行，享受人生下半場。寡言不擅辯的她力排眾議：「我自己，守住屋企。」小組中沒有刻意去教長輩甚麼，也沒有對與錯，只有引導組員作較深的自省後為自己作最適合的選擇。敍事治療是建基於後現代取向的心理治療，不著重分析當事人的問題及助他尋找解決問題的方法，而是藉當事人敍述自身的故事，協助他發掘被忽略的獨特片段，重寫被主流社會建構出來的「問題」以外的支線故事，尋回自己擁抱的價值和信念，從而更有能力應對目前的困境。信念是當事人就是她自己處境的專家。哪有絕對的生活方式、面對人生的方式？只是讓當事人清晰自己為何作此選擇。

蘭婆婆在小組尾聲分享了原來曾患過重病，花盡家財最後康復的往事，她很少告訴別人此辛酸的往事，然而經驗艱難中的自己卻是生命中發揮最大潛能的時候吧！現在的蘭婆婆正陪伴女兒、孫女面對生活的困難。蘭婆婆用當年重病的自己鼓勵今天的自己。敍事治療的會員重組對話（re-membering conversations），讓當事人重寫生命故事時可以選擇回憶一些有助建立自我認同的重要他人，同時貶抑一些對建立自我幫忙不大的人物（麥克‧懷特，2018）。這個人可以是朋友、記憶中的人，甚至是童年的自己。蘭婆婆自言眼淺，在小組中多次落淚，此刻的眼淚添了盼望，覺得更艱苦的，一家人從前都走過，現在的艱難亦然，最重要的是當時和此刻家人的愛仍然沒有改變。

竹婆婆經驗了多次大手術，腰骨也曾痛得只可以臥床，現在卻一手包辦了兒子家裡所有家務，讓兒媳放心工作，還要照顧兩個小一及幼兒男孫。她說：「我只餘下軀殼⋯」感受到竹婆婆淡淡的苦味，不選擇予竹婆婆肯定、或作直接評估、或停留在苦味的感受裡，敘事治療的信念讓小組再探索她全然委身家庭、把自己放得次要背後的原因：「你覺得這句說話代表甚麼？」、「那麼你覺得最重要是甚麼？」敘事訪問常用『問句』的形式出現，但這些問句不是為了測驗與評估當事人，不是『問診』式的問句」（黃錦敦，2018），訪問者的好奇提問令當事人停留在原本被忽略的故事情節，可能就是正面對的難題之外的獨特結果，邀請當事人思考獨特結果的重要性，再讓當事人編織出主流故事以外的支線

故事。竹婆婆對兒孫健康成長的盼望正是支線故事的入口,讓她再訴說自己親力親為對孫兒成長的意義重大,苦澀辛勞的主線故事,被骨肉相連、祖母角色沒有誰可以取代的支線故事豐富了,令竹婆婆顯得更有力前行。

菊婆婆參加小組的時間正巧是她放棄工作全力接手照顧自閉症孫兒之時,面對孫兒的疾病,她起初顯得有點無助。小組以不同的相片供組員選擇,並把自己湊孫的能力、智慧形象化地表達出來。「外化,不僅可以用來探索『問題』」,也可以用來探索人們身上所擁有的獨特故事,讓人們獨特的生命經驗或資源顯得更清晰而得以辨識(黃錦敦,2017)。」敘事治療裡「外化問題」(externalizing the problem)的概念與方法,讓當事人更認清該問題及與問題之間的關係,從而客觀的探討面對問題的方式,同樣地讓當事人把自己的信念、能力、特質外化,也讓他更掌握自己已有的資源及強化自我認同。菊婆婆以海闊天空的圖像立體地表達對自己和孫兒的期望,非學業上的催谷,而是想帶動孫兒有信心、能力面對世界,即使放棄工作,用上自己的生命去換取孫兒的未來。菊婆婆把心迹不單告訴了組員,更是告

訴她自己，讓迷茫的前路彷彿找到方向。

　　桃婆婆在小組中最年輕，一直為小組注入不少動力，雖然幫忙女兒照顧著三個小一及以下的幼兒，仍然滿有活力，未有表示具體的湊孫困難。小組結束時，她卻道「自己其實很幸福，自己的困難跟她們（組員）比較，只是蚊脾同牛脾。」本計劃選擇使用小組手法主要的因素，正是小組動力的美妙，組員間的共鳴感和同路人的激勵（Yalom, 2005），豐富了個別輔導時的單薄，讓小組更貼近組員的生活。

　　「祖父母是會縱孫的。」
　　「祖父母的管教技巧已過時。」
　　「祖父母不會明白現今世代孩子的心態。」
　　「祖父母年邁，應付不來……」

　　用敘事治療的角度看，這些言論均是主流的「大敘事」（grand narrative）。是誰有權、有知識去定義／評價祖父母的角色與能力？我遇上的祖父母故事豐富了我對他們的認識，哪有

完美的父母？哪有完美的祖父母？但每一位用愛與智慧守候家庭的祖父母，均是該家庭當刻的「湊孫專家」。

參考書目：

麥克·懷特著，黃孟嬌譯（2018）敘事治療的工作地圖，初版14刷。台灣：張老師文代事業股份有限公司，頁116-143。

黃錦敦（2018），最想說的話，被自己聽見：敘事實踐的十五堂課。台灣：張老師文代事業股份有限公司，頁92-112。

黃錦敦（2017），陪孩子遇見美好的自己─兒童·遊戲·敘事治療。台灣：張老師文代事業股份有限公司，頁49。

Yalom, I. D., & Leszcz, M. (2005). The theory and practice of group psychotherapy. New York: Basic Books.

義工小寶：提早體驗做嫲嫲 ──────

在十五年全職義工的生活裡，小寶服務過智障兒童、在醫院做義工、也做過臨終照顧的義工，還會幫家姐照顧有過度活躍症的姨甥孫，這些經驗都讓她對生老病死有體會。

但眾多義工服務中，她最上心、最投入的始終是信義會大手牽小手的祖孫計劃，既是因為自己跟這班祖父母年紀相若，更是因為兒子也快將結婚，未來也會做嫲嫲。這次來做義工，小寶說：「我是提早經驗將來要面對每一個情節、片段。」

祖父母湊孫感到吃力，小寶坦言猜得到，但真正入組後才發現：「真的很辛苦，有時更加是吃力不討好。」她最記得第一次開小組，有位嫲嫲「一拖三」來到，臉上很繃緊，「她疲累得笑不出來。」小寶覺得現在湊孫的祖父母都要「萬能」，起居飲食、身體不適、做功課對手冊、見家長、上興趣班⋯⋯這些本來與祖

父母無關的工作，因為孩子父母都要外出工作，祖父母只能硬著頭皮扛起，縱然有工人，工作量仍然很大很重。

　　計劃除了為這班祖父母提供平台，讓他們互相扶持、分享，小寶覺得計劃最大的作用是教會祖父母學習聆聽，「以前那年代沒有自己的想法，沒有選擇，長輩說甚麼就甚麼，但現在孩子接收資訊比以前快千萬倍，不再是我叫你做甚麼、你就做甚麼。」在小組帶活動，小寶也鼓勵祖父母跟孫兒多溝通，有時引導他們多問對方一句為甚麼，「比如孩子經常打機，你可以問他為甚麼喜歡呢？在玩甚麼遊戲？」原來多問一句，已經可以幫助祖孫了解對方。

　　在小組聽了很多祖父母的故事，當中不乏令人傷感的故事，小寶明白到湊孫、跟媳婦相處都可以很不容易，但她還是說：「如果兒子婚後生孩子，我都一定會湊孫。不過我會將自己要求降低、叫自己不要太執著，如果兒子、媳婦對我好，我就當成Bonus。」

　　小寶仍然很記得在計劃最後的分享會，那位「一拖三」嫲嫲攬著她哭著說不捨得計劃完結，她也希望祖孫計劃可以延續，更期望中間一代也可以多參與，因為：「一個人力量很微弱，但是如果大家一齊為一個目標，譬如兩代合作去湊小朋友就會不一樣。」

蔡曼筠校長：三代獲益 ————————

「叮噹叮噹」放學了，來接放學的不止是爸爸媽媽，還有一班爺爺嫲嫲公公婆婆。保良局雨川小學校長蔡曼筠說：「現在的長者有能力又有空間，參與照顧孫兒的情況很普遍。」

「以我們學校為例，我們見到有不同程度的參與。」蔡曼筠觀察到有些祖父母是主要照顧者；有些可能只是星期六、日湊孫；有些祖父母也會來學校跟孩子一起參與親子活動，有時玩起上來祖父母跟孩子同樣「好玩得」。

祖父母參與照顧很普遍，但蔡曼筠也坦言家校之間的溝通有時會變得複雜，「以前主要照顧者是父母，我們跟父母傾，大家商量合作很簡單；但現在跟父母傾完，他們要將訊息轉達給老人家。」蔡曼筠覺得若果要溝通好，學校一定要主動接觸這班祖父母。

學校決定參加隔代照顧家庭支援服務，連續十堂都要出席，蔡曼筠說：「對老人家來說，這是很大的要求。」但通告派發後，很多祖父母都主動說想參加，很想了解孫兒的學校、參與孫兒的成長；也有祖父母想來小組認識更多同輩，互相分享湊孫經驗。

　　「現實是上一輩距離學校相對遠。」學校的課程、學習模式和活動一直轉變，祖父母輩對學校的發展未必了解，在家校合作上，祖父母輩未必能迅速配合。藉著在學校開祖孫小組，祖父母有機會來到學校，接觸校內的老師、社工，知道多一點孫兒的校園生活、學校對學生的要求和期望，也會比較明白學生現時的需要，祖父母與父母也因而多了話題。蔡曼筠說：「這樣可以拉窄大家在照顧上、溝通上的隔膜。」

　　一個活動，三代受益，保良局雨川小學的社工黎姑娘分享到有次活動要製作香薰護膚膏，過程中也會教一些按摩技巧，活動完結之後，有位家長幫自己媽媽按摩後忍不住說：「我很久沒有試過這樣捉著媽媽的手。」讓孩子看見父母和祖父母輩的相處，從中學習怎樣照顧上一代，蔡曼筠覺得很有價值：「放這些小種子在小朋友身上，我不知道成效有幾多，但我相信一定有用。」

　　祖父母輩湊孫，蔡曼筠認為是好事：「多雙手、多個人來錫小朋友、關心小朋友。」而學校的角色是要與家庭緊密聯繫、互相配合：「我們在做甚麼，家長要在家庭裡怎樣配合；又或者家庭在處理甚麼，學校要怎樣配合，其實是雙方的。」

第五章
一頭家散開

家家那本難唸的經，並不易面對，甚至用盡心力，仍然無法避免悲劇發生。

這已經不是一個家庭可以承受，需要社會各方都關注。

哀傷過後，一點一滴地重新收拾：年長一輩只祈求下一代，不要重蹈覆轍。

希望多一個好人 ————————————

　　淑芳最緊張的是孫子阿迪的品行:「經常怕自己管教得不好,讓他學壞。管教得不好,日後就多一個壞人。管教得好,日後就多一個好人。」

　　淑芳的女兒就是走了歪路。

　　「如果你要送一樣禮物給婆婆,會送甚麼?」主持活動的姐姐問阿迪,他拿著玩具哈哈大笑:「送『隨意門』!那婆婆就不用走來走去,好快去到!」

　　「不用走這麼多路,對啊!」淑芳舉起大姆指,接下那玩具。「那你會送甚麼給阿迪?」同一問題問淑芳,她想也不想:「積木啦,他最喜歡積木。」

　　兩婆孫貼著坐,好親熱,阿迪一直在笑,淑芳忍不住説:「他對住我笑,就好開心。」阿迪更是笑得更開懷。活動裡有幾位演員把兩婆孫平日爭電視看的故事演出來:淑芳喜歡看韓劇,

阿迪要看卡通，但每次淑芳都會讓阿迪拿電視遙控轉台。大家看著這短劇都笑作一團。

你哭我就哭

「剛才你提過有開心，也有不開心。你照顧了這孫仔幾多年？」主持人問，淑芳眼睛裡的笑意開始消失：「九年。」

「即是由他一出世到現在？」

淑芳點點頭，抿著嘴唇，手指有點不自在地擺動。

「甚麼時刻最不開心？」

「他扭計的時候。」淑芳恢復笑容望向阿迪：「你好扭計啊！」

阿迪自顧自地大笑。

「這九年，有沒有其中一件事，是他特別扭計，令你不開心？」主持人繼續問。

淑芳收起笑容，靜了好久都沒作聲，有人向主持人送上一包紙巾。倒是阿迪自己開口：「唔做功課！」淑芳笑了：「唔肯做功課啦。」

「他不做功課時，會怎樣？為甚麼他不做功課？」主持人問。

「懶囉。」淑芳一說，阿迪誇張地大笑，跳出來。淑芳指著他笑著反問：「你說說，為甚麼不做功課？」「因為我鐘意睇電視囉！」阿迪怪裡怪氣地答。

「你是他婆婆？那你的女兒，那時也是你帶大嗎？是怎樣的？」主持人一問，阿迪就搶著答：「好曳㗎！」他還站起來指向天：「她曳過我啊！」

「以前帶小朋友，好像沒那麼辛苦？」主持人繼續問。「以前功課無咁深。」淑芳輕輕談起一些做功課的事。聊了一會，主持人問：「以前生下女兒，要帶大女兒，現在又要帶大女兒生下的兒子，你覺得怎樣？」

淑芳低頭看著雙手，低聲說：「好辛苦。」

主持人繼續談：「生個女，帶大了，又要帶孫⋯⋯會想有點自己的時間嗎？」淑芳點點頭。「如果你有空間，想做甚麼？」主持人問，淑芳手上拿著主持給的紙巾擦眼淚。

阿迪本來拿著掛在頸上的名牌當扇子撥，一直在玩耍，看到婆婆抹眼淚，他裝作沒事，繼續撥名牌，突然從褲袋抽出毛巾抹眼淚。

主持講起淑芳小時喜歡玩橡筋繩，然後請演員們把她的故事

演出來。扮演淑芳的女演員揹起另一位男演員，就像淑芳要照顧阿迪：「我老了。以前帶大你阿媽時，我幾歲啊？現在要帶大你，我多少歲？……甚麼時候你才長大？我像你這麼大時，也是無憂無慮的。小時跳橡筋繩……現在我跳不動了，因為我揹住你……你可唔可以乖？自動自覺做功課？」

阿迪一邊聽，一邊用毛巾抹眼淚，最後傷心得用毛巾捂著雙眼。

淑芳低下頭，沒有看阿迪。

害怕不懂管教

淑芳從學校知道有隔代照顧家庭支援服務，就主動參加。「我覺得自己不懂得如何湊小朋友。」她解釋當年也是自己帶大三個女兒，但感覺不一樣：「以前是你話事，但現在是小朋友話事，管教的方法又不一樣，需要學習。」

淑芳說自己並不是最看重成績，品行更重要，只是不太懂得管教：「我不夠嚴謹，習慣了放縱他。我本來相信照顧小朋友最好就自由發揮，結果過於寬鬆。大女兒就是比較反叛……」

她每次提起大女兒，即是阿迪的媽媽，都有點不自在，情願多談阿迪。「我跟孫仔的關係很好，不過小朋友很懂得看形勢，他在學校裡很聽話，在家裏一點也不聽話。」計劃的所有活動她都參加了，覺得有幫忙，可以聽到別人的意見、學習別人好的方法。「參加之前，我會大聲責罵他『衰仔』，他很賴皮，做事永遠等到最後一秒鐘才做，做不到就會發脾氣。」

　　參加活動後，她就會在阿迪發脾氣時不理睬，待他靜下來時才說道理。「我是從其他組員身上學到的。」她也說，最大得著是可以與其他祖父母交流，讓自己放鬆一點。計劃的活動很多元化，她最喜歡畫畫，尤其可以跟阿迪一起畫，很開心。

　　「我覺得壓力好大，兩個女兒不幫手，大女兒又幫不了手……」她提起有次責罵阿迪時，他發脾氣說：「你不是我媽媽！」

　　「我聽了很生氣！後來每次他不理我，我就會說：『是的，我不是你媽媽，我當然不能說你啦。』他就會知錯，靜下來。」

反叛的大女兒

淑芳要照顧阿迪，因為阿迪的媽媽曾經吸毒、入獄，跟阿迪的生父鬧翻，又跟從事不正當行業的男人生下女兒，目前獨個兒靠綜援帶著女兒。

淑芳二十歲就結婚，丈夫是大廚，要到澳門的酒店上班，非常忙碌。她生下大女兒時交給家人帶，第二個女兒就開始在家帶孩子，後來生下第三個女兒。「大女兒小時就很反叛，遇到不合心意時就會大發脾氣。十一、十二歲就學壞離家出走，我抱著小女兒到處找她，最後要報警，由警察找到她。」

大女兒二十歲出頭已經不回家，然後未婚生子。淑芳的丈夫很生氣，一直罵淑芳在家沒好好管教，淑芳也很苦惱：「我最初也覺得女兒學壞，因為我不懂得教。但二女兒跟我很好，小女兒也在讀書。」

她無奈地負起照顧的責任，壓力很大：「我第一年照顧阿迪，內分泌失調，不斷掉頭髮，初初像鬼剃頭，後來就全部脫落，那時我以為這輩子可能都要戴假髮。」後來慢慢放鬆下來，頭髮才長回來。」

只是當阿迪四歲時，大女兒又生下女兒。

這次淑芳硬起心腸，不肯再幫忙：「沒有辦法，如果我不夠狠心，她會陸續有來，她沒有責任感，依賴性很強，當時我也不敢告訴丈夫。」大女兒生阿迪時，淑芳還替她做月子，生第二個時淑芳決意不理，於是小孫女被留在醫院半年，再送去保護兒童之家。

「我叫女兒把孩子送人，她不肯，但又不願自己帶，只想像第一個孩子那般由我照顧。」淑芳說這完全與男孫女孫無關，她真的沒法再照顧了。

女兒最終肯留在家裡自己照顧，淑芳第一次見孫女，她已約一歲大。

蠱惑的小孫女

阿迪今年十一歲，妹妹七歲，讀同一間小學，卻分別由婆婆和媽媽照顧。淑芳是阿迪的監護人，但拒絕做妹妹的，可是大女兒接妹妹放學經常遲到，甚至不上學，學校找不到媽媽，仍然會找婆婆。每星期大女兒都會把妹妹送來過夜一天，然後自己去找

朋友玩。

　　孫女會否覺得偏心？「有，從她臉上的表情我就知道了。感覺到她想爭，她好像在想：如果現在分餅，大一點的那一份一定是給哥哥的。」淑芳坦言很害怕女兒再次擱下照顧的責任，寧願當妹妹來時，煮她喜歡的食物。

　　「可是哥哥妹妹一見面就吵架、打架，爭玩具！我很難煮飯。」她有點煩：「最好妹妹上來前就煮好飯，不然兩個打架，我要去拉開他們。」

　　她坦言丈夫比較疼孫女：「妹妹很懂得哄公公開心，跟哥哥不一樣，哥哥從小到大被我們寵愛，妹妹會主動爭取。她到超級市場見人就會叫靚女。她不會得罪人的，但哥哥不喜歡就會不出聲。」

　　哥哥有甚麼事都會告訴婆婆，但妹妹不會：「她比較蠱惑，有時候跟她聊天時，她會幫媽媽保守秘密。」

　　大女兒始終讓淑芳擔心：「我到現在也很害怕接到大女兒的電話，也很怕見到她的朋友。她三十多歲，還像小朋友一樣。」淑芳說大女兒每月會從綜援拿兩千元當作阿迪的伙食費，可是未到月中已經把自己的錢花光，淑芳要把這二千元逐點送回給她使。

身體不如前

阿迪快要上中學，淑芳覺得教育的責任越來越重，不時會參加有關教育的講座，也和服務計劃的社工一直保持聯絡。她再三強調：「我經常怕自己管教得不好，讓他學壞。管教得不好，日後就多一個壞人；管教得好，日後就多一個好人。」

她坦言阿迪擔心被人遺棄，無論她給予多大的安全感，也好像不足夠。「有時他看見別人由爸爸媽媽接放學，自己不是，會感到難受。」阿迪即使沒說出口，淑芳會看出來，就會說：「公公這麼愛錫你，當他是爸爸吧。」

丈夫六十五歲，在澳門的酒店做大廚。「他工作壓力很大，曾經要吃抑鬱藥，想退休但環境不許可。」淑芳說阿迪每月要補習、學跆拳道，還特別喜歡吃肉，每月開銷不少。

淑芳也六十多歲了，在吃血壓藥，但會迫自己放鬆下來：「如果不放鬆，甚麼病都可能發生。」

一代又一代的悲劇 ———————

首先是一宗悲劇。

媳婦生下健仔三個月的某日，突然在家大叫一聲，馬上送去醫院卻已經要靠喉管呼吸，最後家人決定拔喉。當時另一個孫熙熙才兩歲。

兒子整天喝酒，跌斷腳、撞穿頭，翠英於是一手揹起照顧兩個孫的責任。

「我揹著健仔、拖著熙熙，每朝早起來送熙熙去幼稚園，很辛苦。」翠英說，有次她帶了七個月大的健仔去遊戲機舖，過了幾天他就開始發燒，吃了退燒藥也沒有用，然後開始不斷抽筋。醫生說是病毒感染，留院數天後回家，然而自此不斷發燒。

「每兩三個月就一次，那時我非常害怕。」她說最驚險的一次是健仔三歲時發燒至昏迷，連續三日高燒四十度：「醫生也沒有辦法，只叫我用暖水抹身讓他降溫。」她不斷替健仔抹身，兩天後開始好轉，第三天他張開眼說：「嫲嫲我沒事了。」醫生就說可以出院了。

至健仔四歲、五歲、六歲，情況持續。「我經常去問醫生，所有治療方法也試過。他一歲至四歲之間，抽過兩次脊骨髓，驗過三次腦電波，還是不知道原因。」翠英把全付心機放在健仔身上，帶他游水、買中藥補身、看不同的醫生……然後七歲開始減少抽筋，八歲後不用再看兒科醫生。

唯有一味打

　　「老師説我放太多時間照顧健仔，忽略了熙熙。」熙熙才小學二年級便和同學一起偷竊。翠英有朋友在連鎖藥房工作，説看見熙熙整天拿東西不付錢，有次還帶同健仔偷了一把玩具槍，接著又去便利店偷飲品。

　　熙熙只大健仔兩歲，當翠英帶著健仔不斷看醫生，熙熙每天都是自己上學放學，四處遊盪沒人理會。翠英有時會罵他：「我可能把情緒發洩在熙熙身上。」當年熙熙看著媽媽被送入醫院，幼稚園老師説他之後表現沉默，經常坐在一旁。「老師説他像有一個陰影，但當時我無理他。」翠英很坦白：「他爸爸很想念太太，整天喝酒，醉了便會打健仔，可能覺得他一出生媽媽就離

開。」兒子對熙熙好一點，會買新鞋給熙熙，健仔就要穿舊鞋。

翠英知熙熙偷東西，頻頻動手打他。「他不怕打的，每次我打他會説不敢，但下次又會再做。」翠英一連串數説熙熙的惡行：偷東西、教弟弟站在水桶、跨過椅子等危險動作、成績不好、欺負同學……

至於健仔，近年被評定有過度活躍症。「健仔經常四處走，不願意做功課，經常舞手舞腳，他很喜歡舞獅，一見到舞獅就會發瘋，拿起衣服便舞獅。我跟熙熙説沒有偏心弟弟，現在弟弟康復了，我也會打他的。」

翠英會拿藤條打兩兄弟的腳底：「我一打便停不了手，會把他們打得路也走不到！每次我罵健仔，他就會『起鋼』，我便跟他説你激嬲我，那我最喜歡打人！」

以前也會這樣打孩子嗎？「兒子給我打得飛下床！」

第二代的遺憾

再揭，似乎是更多的悲劇。

兒子的第一段婚姻，因為意外捲入一宗綁架案，坐監四年而

離婚。翠英堅持兒子是無辜的，當時媳婦就把長孫留下來給翠英。「大孫本來好乖，阿媽一走就學壞。」翠英很傷心，大孫一直想跟媽媽走，但媽媽改嫁不能帶他，於是他開始偷錢、抽煙，不唸書⋯⋯「我經常跟他説，媽媽不理你，我要你，但他好像覺得這不是他想要的。」

翠英眼白白看著大孫走上歧途：轉到更差的學校、認識賣白粉的人、自己也吃白粉、接著被抓入監獄，然後出獄後做地盤，不斷賭錢，輸了幾十萬，翠英的家也被淋紅油，接著到澳門帶白粉，再次被捕，目前正在澳門坐監。

照顧孫兒實在不容易？她聽了直截就説：「其實我兒子最可憐，他投胎來到我家就是錯的，我應該一早決定不要他 。」

翠英本身婚姻破裂，丈夫有黑社會背景，她遭家暴也不敢離開。生活苦悶，她帶著孩子去賭錢；丈夫有外遇，她賭得更兇；然後每晚只有喝酒才能睡得著。

她沒供大女兒讀書，反而向女兒要錢；二女兒成績不俗，但十六歲離家出走，十七歲生孩子；唯獨小女兒讓她覺得要堅持活下去，可是小女兒畢業後便搬去和大家姐住──四個子女，沒有一人願意和她一起生活。

原生家庭失和

　　追溯下去，是原生家庭的不幸：翠英的父母從大陸來港，她說小時為了替姐姐出頭，打了學校的修女，於是失學。九歲在觀塘當學徒，做過鐵錶、紡織。「我爸爸對我很好，但媽媽不好。」翠英說大孫學壞後，翠英自己的母親馬上換門鎖，怕曾孫回來。翠英父母親先後離世，姐妹弟弟之間為了帛金失和，自始沒再聯絡。

　　——「原來，你仲慘過我！」每次當翠英在小組裡說自己的人生故事，其他嫲嫲婆婆都非常愛聽，紛紛分享自己的「悲劇」。其中一位也有四個子女，翠英就說：「其實你不淒涼，起碼你在大陸讀過書，我九歲便出來工作。做人應該開開心心。」

　　當大家都看到彼此各有難處，彷彿自己多了點力氣繼續，下一次來到小組，神情輕鬆不少。

　　「我也改變了很多，以前經常不在家、不懂煮飯，不識得關心子女，現在我會煮飯給熙熙和健仔吃，帶他們補習、學游水，以前我不會的。」翠英很喜歡這隔代照顧家庭支援服務，之後也一直參加信義會的活動：「可以有朋友聊天、一起煮食、去旅行，帶健仔和熙熙去見識。」

我不能死掉

　　彩霞有類風濕關節炎，有可能不能走路。七年前曾經因為疼痛，望著窗口想跳樓，但想著要照顧孫女，多辛苦也要撐下去。

　　只是兒子卻在兩年前自殺了。

　　孫女雯雯小學六年級了，彩霞覺得她還像嬰兒：「她很喜歡『嗲人』，同學和補習老師都跟她說：『就快頂你唔順！』你跟她打招呼，她會扮貓叫meow來回應。」

　　自從爸爸離世後，雯雯扮貓次數越來越頻密，並且越來越胖。爸爸在五月離開，短短四個月她已經胖了十磅，一年後體重超過一百二十磅，血壓偏高、出現滲尿要看醫生。「食食食，食死你！死不要緊，最怕你死不去，會有很多病痛！」彩霞忍不住

罵，雯雯變得更愛哭，在學校會因為同學不理她的嬌嗲黏人而哭。

「其實嫲嫲一直很愛錫你，我不是不想見到你，我想見到你將來結婚生仔。罵你因為緊張你，不想見到你因為肥胖生病，你現在這麼年輕已經滲尿，將來每天穿著尿片出街嗎？」彩霞心裡知道罵得太狠，會跟雯雯如此說。

雯雯仍然不斷吃零食，矛盾是，零食都是彩霞買回來的。

「我也有上網看資料，明白有些人經歷不開心的情緒時，會希望透過食物來填補。爸爸離開的時候，她沒有流過一滴淚。可能有很多情緒藏在心裡，需要靠食物來填補。」彩霞說沒有看到雯雯哭，其他家人都在哭，雯雯只是偷偷看著大人。

再之前一年，爸爸曾經因為避債去了菲律賓，雯雯想念爸爸，每晚睡覺都會哭。「可是爸爸真的離開了，她反而沒有哭。」彩霞說：「可能覺得哭了，爸爸也不會再回來。」

兒子丟下責任

雯雯的媽媽是泰國人，和丈夫整天吵架，受不了丈夫喜歡賭

錢，雯雯未到三歲，媽媽就留下她回去泰國。

「雯雯會叫爸爸不要食煙、不要飲酒，會說爸爸的身很臭，但還是會攬實爸爸，把他當偶像，又像情侶，要攬實爸爸睡覺的。」彩霞從雯雯剛出世就同住負責照顧，逢星期五晚上到周日下午，才帶雯雯到爸爸的家住，兩父女一起看電視、玩遊戲機。

二零一七年四月，兒子告訴彩霞，因為債務重組，八月就可以還清剩下的兩三萬元債，可以一起和雯雯去旅行。「十月我就六十歲，要拿強積金出來買機票嗎？」彩霞很開心，兒子說不用了：「八月我就還清了！」

但原來他還欠兩個中學同學合共十多萬元。「那還是他小學一起升中學的同學，有黑社會背景。兒子可能害怕，他好細膽。」

在五月的一天，彩霞帶著雯雯到兒子的家，發現他燒煤自殺。

眼前的彩霞，沒有流露悲傷。「我覺得他沒有負責任。」她一口氣地數：「你把女兒生下來，就這樣狠心地拋低？那時候我類風濕關節炎，行路也有問題，你明知道我這樣，不知道還可以有多少時間照顧你女兒！你見到我切番茄都切不到，還選擇這樣做！」

不斷責怪自己

數落完兒子，彩霞開始怪責自己。

兒子七歲，彩霞就離婚，上班時間很長，她只懂每天給兒子金錢：「我想只要給他足夠的錢，他便不會偷呃拐騙。」兒子要買甚麼她都答應，後來出來工作，她也沒要求給家用：「他一有錢便開始揮霍和賭博，變得沒有責任感，沒有儲蓄的習慣，也不會照顧家庭，是我寵壞了他。」

她不時想起和兒子從來沒有好好談過。「從小到大他甚麼也不會跟我說，我也沒有問，可能他小時候試過跟我說，但我沒有耐性聽，因早上要工作不能晚睡。他上中學，我不懂得管教，又沒有多餘錢讓他補習，後來有餘錢他又不願意去補習，今日不懂，明天更不懂，慢慢就沒心機讀下去⋯⋯」

「我覺得是我害了他，今時今日行了這條路。」

「我寵壞了兒子，間接害了孫女。」

自責情緒一直蔓延，彩霞坦言四十出頭時，曾經患上抑鬱症，睡不著，經常哭。兒子小學三年級時，她第一次自殺：「那時候覺得很大壓力，身邊的人很多說話和謠言。離婚之前我是全

職家庭主婦，但離婚後我要出來工作，跟社會隔絕了一段很長的時間，要再融入，我覺到很辛苦。」

兒子中三，她第二次企圖自殺：她懷疑第二任丈夫有外遇，憤然服藥。「兒子是知道的，但沒跟我説甚麼。他沒有反應，也沒有問我。」

兒子二十一歲結婚生下雯雯，因為賭錢婚姻破裂。彩霞也因為第二任丈夫拒絕借錢幫忙繼子，關係破裂。

將來你照顧我

現在彩霞把心機都放在雯雯身上。「現在我們一起住，由我來照顧你，如果你用功讀書，將來便可以照顧嫲嫲，甚至請一個工人來照顧嫲嫲。現在嫲嫲帶你去旅行，將來你可以帶嫲嫲去旅行。」

雯雯發胖、扮貓叫，彩霞嘗試跟她傾談：「她會説：『沒有呀，我沒有事。』」

於是彩霞參加學校活動，認識社工、老師、雯雯的同學和同學的家長，希望知道雯雯多一點。她參加隔代照顧家庭支援服

務，最大感受是：「我覺得別人很幸福，他們都有兒女在身邊。」她有點不自在，自覺人生經歷和其他婆婆嫲嫲不一樣：「可能這是命數，前世做得不好，今世要還。」

不過彩霞還是開心可以和別人聊天，平時和外人只會談表面的東西，在小組可以深入一點。雯雯見了社工，似乎也跟她說多了話。

「如果我不照顧她，她便會變成孤兒，所以一定要撐下去。」彩霞打治療類風濕關節炎的針、吃血壓藥：「我不是怕死，因為我需要照顧孫女。我覺得我對不住她爸爸，管教得不好，我想補償給孫女。」

二零一八年彩霞帶雯雯去泰國，辦了泰國身份證。媽媽已經再婚，但會打電話給雯雯，彩霞鼓勵雯雯跟媽媽親近。「我老了，將來有甚麼事，也有媽媽照顧她。」彩霞希望自己可以活到八十歲，到時雯雯三十歲，最好已經結婚生子，她就可以安樂地離去。

悲傷過後更團結 —————————

　　二零一八年三月新聞頭條：五十二歲的外婆涉嫌勒
死六歲的孫子。

　　綽號「娘娘」的魏女士還記得，之前一天她還和這
外婆一起參加小組，並且坐在一起。「我記得她，木口
木面的。」娘娘至今仍然後悔當天沒有好好跟她談。

　　「娘娘」這綽號不是浪得虛名，萬大事，似乎到她手裡都會
理順得貼貼服服。

　　她十幾歲偷渡來香港，婚後生了兩個兒子，丈夫有外遇，並
且家暴。「我求他不要打我，不要說粗口，但他一喝酒就不知道
會發生甚麼事。」娘娘像是說別人的故事般平靜：「我不想離婚，
但離婚不是我一個人的事。」

　　她於是打三份工，捱到七勞八損，身體和情緒都出問題。

「我去醫院看醫生，其他人都是六、七十歲，只有我不足三十歲！我住馬鞍山，來九龍好遠，難道未來三十年都要行這條路來看醫生？」她於是做運動、學中醫，然後入行在保健公司教人「健康管理」，業績七年都排第一，還在內地開了兩間店。

為孫女放棄工作

兒子在內地娶妻生子，娘娘一開始就幫忙照顧：「我當時候照顧了孫女四十天，然後返香港。因為內地有舖頭，不時回去，每次孫女都很喜歡黐實我，我一走開她便會哭，對媽媽都沒這樣。」兩歲孫女來港生活，第一年媽媽也在家照顧，第二年就說希望上班，娘娘於是接手。最初還有請外傭，娘娘不滿意外傭的工作表現，終於還是自己顧。

「這個孫對我是最重要的，錢是賺不完的。」她放棄工作全職湊孫，今年孫女七歲了。

有別於其他祖父母覺得吃力，娘娘很享受帶孫：「我很有愛心照顧小朋友！」在她口中，孫女非常優秀：會幫忙做家務抹窗、全班考十名之內、看電視會看英文台學英文，學跳舞……

她不介意孫女補習費加活動學費每月過萬，這天還準備了點心「燕窩燉椰皇」。

娘娘説以前的小孩比較乖，現在的會嬌生慣養一點，所以她經常帶孫女參加活動。當她知道學校與信義會合作這「隔代照顧家庭支援服務計劃」，馬上報名。「我覺得這個嫲孫的活動幾好，我們的思維可能不適合現代，我想聽取專家意見，溝通一下。」她在兒子年輕時，也有參加親子講座。「專家話，為甚麼你一定要他摺被？張床是他睡的，被是他蓋的。我聽了就知道，要像兄弟姊妹這樣談，不能『擺晒款』：我係阿媽，你一定要聽我説話！」

後悔沒聆聽

服務計劃第一堂，娘娘就發覺身邊的女士「木口木面」。「她説湊孫不開心。反問我開心嗎？」娘娘隨即説：「孫仔是活潑天真的細路，其實有唔開心，但也可以帶來很多快樂。」她説了很多很多自己開心的事，最後説：「如果你有甚麼需求，有甚麼不開心，可以説出來，大家開解吓。」

那女士沒作聲。

過了兩天，突然變成新聞人物。

「我睇到電視，在新聞中見到她的樣子，即時就流眼淚。」娘娘非常後悔：「如果我多點關心她？問她為甚麼不開心？如果有機會，我會慢慢聆聽她說話，不要這樣『一輪嘴』講自己湊孫。不過才第一次見，不好意思追問，也不敢拿電話。」

孫女和這女士的孫兒一起參加活動，受驚哭了兩天。「我怕會影響孫女的情緒，所以我跟孫女說：小朋友一定要乖，不然老人家湊細路，如果不乖，或者不認真學習，那些嫲嫲就會覺很辛苦。」說完又補充：「你呢，遇到甚麼不開心的事，回來都要同我講，同老師講都得。」

接著一整個星期，孫女都覺得不舒服，會想起那曾經一齊玩的同學。娘娘嘗試解釋死亡：「每個人最後都要返去宇宙，就是死亡。但當我們來到人間，就要有責任，要乖。」

可是那孫兒不是因為不乖……「因為他婆婆有壓力。」娘娘說：「後來孫女對我說：『那嫲嫲太固執，害了那個小朋友的前途。』」

份外肯幫助

小組第二次見面，組友見面都流眼淚，社工問大家會否想暫停計劃，組友卻決定繼續。

「這件事是無常，大家也不想，她這樣發生我們都不知道。但如果不堅持可能會有其他不開心的事情。」娘娘回想小組後來維持了兩個多月，大家關係變得很親近，其中一位照顧壓力特別大，其他組友都份外落力幫忙，活動完結後，一年來還不時相約飲茶聊天。

「大家分享了很多心事，講了會流眼水，但那一刻講了就鬆。」她坦言在家裡有時不方便說太多祖孫間的事情，亦不希望讓外人知道自己與媳婦相處得不好，這小組認識的朋友，就可以放心講。一些組員的子女，也喜歡娘娘有正能量，鼓勵父母多跟娘娘見面。

「做人無常，大家可以就互相包容吧。日日都咁執著會多幾條皺紋，我還未到七十歲，何苦呢？！」娘娘總是霸氣地說。

第六章

找出力量

「祖父母是替代的、暫時的,是『頂住先』的。可是大家都知道父母雙職離婚等越來越普遍,是不會減少、消失的,沒有支援,只會越來越多人進入辛苦、艱難的狀態。」

洪雪蓮博士十年來一直研究香港祖父母的照顧角色,她相信這些祖父母可以透過隔代照顧家庭支援服務,找到能力和智慧。

隔代照顧家庭支援服務的祖父母和孫子女

截至二零一九年四月，
計劃一共服務了二百八十三位祖父母，其中一百八十二人接受問卷調查。
（基數（Ｎ）不同，因受訪者未能提供所有資料）

182 位祖父母資料

性別：大部份參加的祖父母是女性　　　　　　　　　　　　　　　　（表1.1）

| 男性16% | 女性84% |

年齡：六成的祖父母是61—70歲，
四份一是60歲以下，七份一是71歲或以上　　　　（N=181）（表1.2）

41-45	46-50	51-55	56-60	61-65	66-70	71-75	76-80	81-85
0.6%	1.1%	5.5%	17.1%	32.6%	27.6%	11%	3.3%	1.1%

健康狀況：過半有長期病患　　　　　　　　　　（可選多過一項）（表1.3）

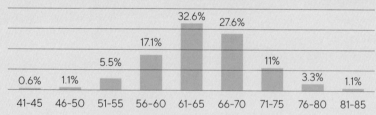

血壓問題	糖尿病	精神健康	癌症	退化性關節炎	骨質疏鬆	白內障	心力衰竭	中風	冠心病	痛風
31.9%	11%	2.7%	2.2%	2.2%	1.6%	1.6%	1.1%	1.1%	0.5%	0.5%

工作：超過三成為了照顧孫子女放棄工作

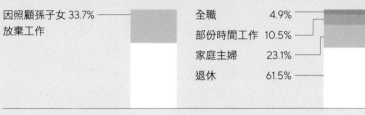

因照顧孫子女 33.7%
放棄工作

全職　4.9%
部份時間工作 10.5%
家庭主婦　23.1%
退休　61.5%

（N=181）

教育程度：
過半祖父母沒有接受正規
教育，或者只讀過小學

（表1.5）

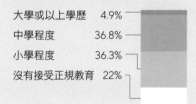

大學或以上學歷　4.9%
中學程度　36.8%
小學程度　36.3%
沒有接受正規教育　22%

婚姻：
大部份已婚，一些祖父母
會為了照顧孫子女而分居

（表1.6）

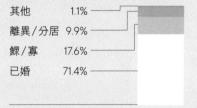

其他　1.1%
離異/分居 9.9%
鰥/寡　17.6%
已婚　71.4%

居住：
有一半祖父母是三代同住

（表1.7）

與其他親戚住　14.3%
與孫子女同住　9.9%
三代同住　51.1%
與配偶同住　19.8%
獨居　4.9%

住所類別：
大半祖父母住在公屋

（表1.8）

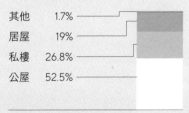

其他　1.7%
居屋　19%
私樓　26.8%
公屋　52.5%

（N=179）

祖孫關係

七成祖父母為主要照顧者

照顧形式：約四成要全時間照顧，
大約四份一是祖父母日間照顧，晚上父母照顧

（表2.1）
（可選多過一項）

照顧形式	百分比
全時間照顧	39.6%
日間照顧，晚上由父母照顧	26.4%
星期六、日由父母照顧	13.7%
與其他親屬輪流照顧	6.0%
其他	2.7%

照顧孫子女的原因：近七成是因為父母都上班，
只有七份一回答：因為自己喜歡照顧孫子女

（表2.2）
（可選多過一項）

原因	百分比
父母皆上班	67.6%
子女對祖父母比較信任	15.4%
自己喜歡照顧孫子女	13.7%
父／母離異	8.8%
父／母不在港	4.9%
父／母去世	3.3%
父／母分居	2.7%
孫子女需特別照顧	2.7%
父／母失蹤	1.6%
子女經濟困難	1.6%
父／母沒有居港權	0.5%
其他	14.4%

照顧支援：

沒有20%	有80%

有兩成祖父母沒有 照顧孫子女的支援	八成有支援的，主要來自子女、 媳婦、女婿、配偶合作， 很少會得到社區和學校的支援

子/女/媳/婿/配偶合作	66.5%
工人姐姐協助	19.8%
親家合作	2.7%
朋友幫助	6%
鄰居幫助	0%
學校社工支援	1.6%
教會支援	0.5%
學校言語支援	2.2%
學校小組支援	0.5%
學校功課輔導	7.1%
非牟利機構功課輔導	2.7%
私營機構功課輔導	0.5%
私人補習	0.5%
社區祖父母支援	0.5%
社區孫子女支援	2.7%

（可選多過一項）

184位孫子女資料

性別：孫仔比孫女多 （表3.1）

60% 男性	女性 40%

年齡：大部份在讀初小 （表3.2）

15.2%	72.3%	12.5%
三歲至五歲	六歲至八歲	九歲至十二歲

特殊學習需要：十個有一個確診自閉症 （表3.3）

	確診	懷疑
自閉症	10.3%	2.7%
讀寫障礙	4.9%	2.2%
過度活躍	4.3%	4.3%
專注力不足	3.3%	3.3%
發展遲緩	2.7%	0.5%

居住情況： （表3.4）　　身體狀況： （表3.5）

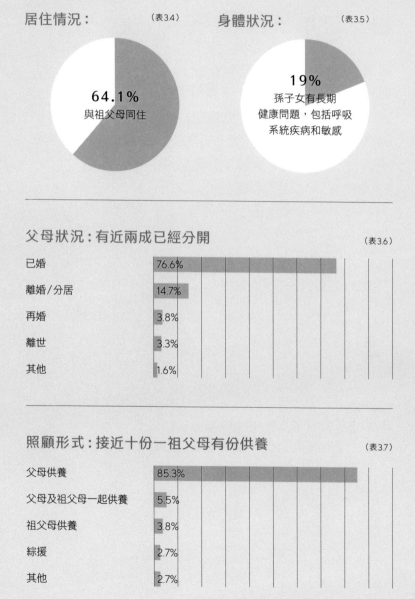

64.1%
與祖父母同住

19%
孫子女有長期
健康問題，包括呼吸
系統疾病和敏感

父母狀況：有近兩成已經分開 （表3.6）

已婚	76.6%
離婚/分居	14.7%
再婚	3.8%
離世	3.3%
其他	1.6%

照顧形式：接近十份一祖父母有份供養 （表3.7）

父母供養	85.3%
父母及祖父母一起供養	5.5%
祖父母供養	3.8%
綜援	2.7%
其他	2.7%

祖父母期望

期望自己照顧孫子女的角色：
七成期望是陪伴和照顧，不足一半想管教

（表4.1）
（可選多過一項）

支持陪伴角色者	71.8%
照顧者	69.1%
管教者	44.8%
經驗傳遞者	34.8%
其他	3.2%

部份祖父母表示
照顧或管理孫子女有困難

58.6%
覺得難以管教

9.4%
覺得難以照顧

（可選多過一項）

難以管教的原因：
最大問題是孫子女和祖父母都會情緒波動，
然後才是不懂教功課，或兩代管教方式不一致。

（表4.2）
（可選多過一項）

孫子女情緒波動	自己情緒波動	不懂教功課	兩代管教方式的不一致	難以溝通	沒有餘暇時間	經濟困難	其他
21%	14.9%	13.8%	13.3%	4.4%	1.7%	0.5%	11.2%

難以照顧的原因：
最多祖父母是因為體力不足

（表4.3）
（可選多過一項）

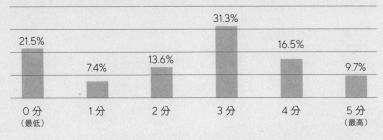

體力不足	自己情緒波動	孫子女情緒波動	沒有餘暇時間	兩代的不一致管教方式	經濟困難	難以溝通	其他
5.5%	2.8%	2.8%	2.2%	1.1%	0.6%	0%	3.2%

壓力指數：祖父母照顧或管教孫子女的壓力指數自我評分：
有四份一的祖父母已經達到四分以上的高壓力水平。

（表4.4）
（N=176）

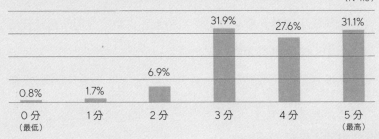

0分（最低）	1分	2分	3分	4分	5分（最高）
21.5%	7.4%	13.6%	31.3%	16.5%	9.7%

信心指數：祖父母照顧或管教孫子女信心指數自我評分：
大約有十份一祖父母評分是兩分以下，較沒信心。

（表4.5）
（N=116）

0分（最低）	1分	2分	3分	4分	5分（最高）
0.8%	1.7%	6.9%	31.9%	27.6%	31.1%

被忽略的一群 ————————————

「作為主要照顧者的祖父母，是目前社會傾向忽略
的，能力不被確認、貢獻不被確認，有很多歧視、負面
的看法。」洪雪蓮博士關注香港祖父母沒有法定地位照
顧孫子女，社會服務的焦點仍在父母。

接受隔代照顧家庭支援服務的被訪祖父母，超過一
半有長期病患，三成為了照顧孫子女放棄工作。

十年前，浸會大學社會工作系副系主任兼社會工作實踐及精
神健康中心主任洪雪蓮博士開始研究祖父母的照顧角色。當年祖
父母反映照顧壓力來自管教、經濟、年紀大：「我比較深刻是聽
到祖父母說自己會老，或者已經老了，有一天會過身。當我不
在，孫兒怎樣呢？」

如今的隔代照顧家庭支援服務，也有受訪祖父母提到類近的困難，可是有好些社會處境變化了。「十年前我們沒有處理過雙非兒童，即是父母都在內地，要交由香港的祖父母，或者祖父母特地短期來港去照顧。還有現在社會經濟環境維生不易，父母雙職都需要工作，更需要祖父母幫忙照顧孩子。」

洪雪蓮特別關注的並不是「有空來玩、享受湊孫」的祖父母，而是要成為「主要照顧者」：「這兩個是很不同的世界、很不一樣的經驗。作為主要照顧者的祖父母，是目前社會傾向忽略的一群。」

極少正式領養

祖父母如何才是孫子女的「主要照顧者」？洪雪蓮解釋外國研究會以祖父母的照顧時間定義，但中國人的社會文化，當祖父母很難計算時間，所以採取「經驗式的自我界定」：由祖父母覺得自己是否主要照顧者。例如家庭有外傭，祖父母仍然像上班一樣在日間看著孫子女和外傭，雖然不是獨力照顧，仍然可以自覺是主要照顧者。在隔代照顧家庭支援服務的受訪祖父母當中，雖

然有八成說有其他家人幫忙^(P.173/表2.3)，但有七成形容自己是「主要照顧者」。^(P.172/表2.1)

她指出本地和外國的祖父母文化並不一樣。香港祖父母會幫忙照顧，有時會強調是因為子女「做不了」：「有一些祖父母會無奈，不想照顧，但是沒辦法，『鬼叫要幫個仔』。」可是外國的祖父母肯照顧，更多是因為孫子女本身：「因為我很喜歡小朋友，我想好好照顧小朋友。」祖父母珍惜跟孫子女的關係，多於為了要幫忙中間的一代。

於是在社會制度上，外國也比較確立祖父母的身份。澳洲和美國一些州份，祖父母可以正式申請收養，取得撫養權或管養權。雖然香港《領養條例》容許在二十一歲下，由親屬包括祖父母、外祖父母申請領養，可是絕大部份的祖父母都沒有正式申請，導致沒有法定地位為小朋友作決定。

祖父母可以替孫子女申請綜援，但不可以申請書簿津貼。洪雪蓮說現在很多灰色地帶：「學校普遍用非正式的手法處理，一些需要父母簽署的回條，可能祖父母可以代簽，但一些需要申請的計劃，就需要法定監護人。在醫院情況也一樣，可能醫生也不能說清楚祖父母可否為孫子女作決定，例如簽名做手術。我聽過

有些人可以，有些不可以。」

另一個關鍵爭議是公屋戶口，目前祖父母沒法把孫子女的名字加入戶口。「我也聽過一個嫲嫲帶著孫兒去房屋署，查問了很多次到底要甚麼文件才可以將孫兒加入戶口，她擔心如果自己有甚麼事，孫兒便無處容身，想他在公屋裡有一個法定地位。」

沒有社福支援

洪雪蓮強調法定地位很重要：「這些都是很實質的問題，會影響祖父母的心情：我不是一個合法的照顧者，就算我和孫兒的關係很好，我當他是家中一份子，原來我在制度和服務當中不會被承認，有時提起也會不太開心。」

她批評：「整個大社會父母是合法的，祖父母照顧不是一個正常模式。祖父母成為孫子女的主要照顧者，一定是有問題發生了，所以這本身不是一個理想的家庭模式。」

社會目前並沒有很多對祖父母的支援，很多祖父母未到六十歲，不能使用長者服務，但就算已經是長者，支援亦不多。「從

來沒有聽過長者服務可提供幼兒託管：可以放孩子在這裡，參加長者活動；學校很少會特別舉辦活動給祖父母，一般家長活動焦點很明顯是父母，連同學都會問：『為甚麼阿爺阿嫲來接你，不是爸爸媽媽來接？』」

「祖父母是替代的、暫時的，是『頂住先』的。可是大家都知道父母雙職離婚等越來越普遍，是不會減少、消失的，沒有支援，只會越來越多人進入辛苦、艱難的狀態。」

她覺得祖父母的犧牲被忽略，本來退休應該整理自己過新生活，可是因為照顧而失去自由和空間。在隔代照顧家庭支援服務的受訪祖父母當中，更有超過三成是辭職來照顧孫兒(P.171/表1.4)：「我覺得這個是警號，要想這些祖父母到底犧牲了甚麼。我們不會假設他們很喜歡工作，可是要辭職做全職照顧者，影響了經濟和社會身份，祖父母不再是有能力賺錢、有能力工作的人。」

父母都要工作

接受隔代照顧家庭支援服務的被訪祖父母，照顧孫子女的最大原因，是因為子女上班。近七成是因為父母都上班，只有七份

一回答：因為自己喜歡照顧孫子女。^(P.172/表2.2)

一些祖父母會看到自己作為照顧者的「優勢」——時間比較多，可以專注孫子女，可能比父母更敏銳孩子的情緒表達，可是更多祖父母感到時代改變了，以前的教育方法可能行不通，難以應付，尤其當孫子女上到小學，教學和管教都很困難。

洪雪蓮說一些祖父母會擔心子女是否喜歡上一輩的管教方法：「有些祖父母會覺得自己管教角色是較次要的，這其實沒有絕對標準，但有時會成為『代際關係』之間很敏感的地方。」

她建議父母放工回來，可以幫忙管教，並且要認同祖父母的付出，讓祖父母有更有效的權威「legitimate authority」：「權威是需要的，你要跟小朋友說如果我不在的時候，就是祖父母照顧你，你要聽祖父母的說話。」她聽過有嫲嫲提起兒子在言談間跟孫兒說：「你嫲嫲甚麼也不懂。」那嫲嫲就覺得沒法再去管教孫兒。

「爸爸沒有強調要小朋友尊重嫲嫲，小朋友很快會看見嫲嫲很多事不懂、很老、很過時，所以我不需要聽她話。這樣小朋友的成長會不一樣，會覺得管教或照顧自己的是『次要的人或者代替品』，自己並不是得到最好的照顧。小朋友會否很驕傲、很開

心地告訴其他人自己是爺爺嫲嫲照顧？」

洪雪蓮強調中間這一代，扮演很重要的角色，作為第一代跟第三代之間的橋樑。

父母離婚後

而當中間這一代不存在時，第一代和第三代的關係就更複雜。隔代照顧家庭支援服務接觸到好些的弱勢家庭，父母離異、失蹤、甚至離世(P.172/表2.2)，當這些祖父母幾乎完全擔起父母的角色，照顧和管教更艱難。

「在中國文化中，祖父母覺得離婚是『家醜』，孫子女這麼小，不用跟他們說的，或者怕說出來會被人看不起。祖父母會有很多這些包袱，處理孫子女的情緒或懷疑時會很困難。」洪雪蓮說：「有些祖父母真的無法管教小朋友，完全處理不到他們的情緒，覺得自己很無力。『沒辦法，我都知他大脾氣，因為不見了媽媽。』祖父母會盡量包容，但同時亦覺得很挫敗，不懂得怎樣去幫。」

有些祖父母本身也不能接受子女不再照顧孩子，甚至覺得整

個家庭都很「不幸」，益發覺得孫子女「淒涼」。「祖父母覺得失敗，無法令子女好好地做人、好好地有家庭，所以對孫兒有罪疚感，我沒有令你的父母，好好地做父母。」

　　大部份祖父母會盡力「償還」孫子女，明白自己始終不是孫子女的父母，然而亦有少數直接把自己當作是孫子女的父母：「這有好處也有壞處，好處是關係會非常親密，可是我們未必有機會了解得夠深入，內裡的含義是甚麼？對於關係有甚麼影響？小朋友怎樣看 Grandma is Ma？」

說出來有人聽

　　信義會的祖孫計劃採用了敍事治療（Narrative Therapy）的方法，支援這群祖父母，透過說故事和提問的過程，讓他們重新再看到自己的價值。

　　「有些祖父母真的覺得自己沒有能力，有些是別人覺得他們沒能力，會想：如果是父母照顧，就簡單得多了，父母去學校也會不一樣。」洪雪蓮指出敍事治療除了會邀請祖父母談困難、不被確認的經驗以外，還會對他們抱有好奇心，邀請他們分享遇

到困難時怎樣回應：「其實祖父母不會坐著甚麼都不做的，會有回應，慢慢就會發展出各種處理問題的方法，有一些能力和智慧。」

在小組，社工不停地問：

「你是如何走到今天？」

「這麼艱難為何你會堅持？」

「是甚麼一直支持著你？」

「甚麼對你來說是重要的？」

有別於其他傳統治療方法，敘事治療並不依賴治療師分析及總結，而是由當事人發現自己的能力，而小組形式讓大家可以交流。祖父母互相見證大家的經歷，從中發現有很多共同問題和處境，看到彼此都因為家庭和社會的看法受苦，會有共鳴。

「我經常覺得直接給答案是沒有意義，不然為何不舉辦講座？或者直接叫祖父母來，一二三四五做這些事。敘事治療強調祖父母的能力，促使他們重新再看到自己的價值。」洪雪蓮解釋：「長者很少跟人提及自己的故事，身邊也少人願意聽，相對

是處於弱勢的，有機會被重視，有人有興趣聽他們的生命歷程，這是很好的過程。」

　　「在講故事的過程中，他們會有很多新的發現，以前只會想到自己很辛苦，不知道怎樣辦，看不到自己是有處理的方法和智慧。背後有甚麼讓自己去堅持？到現在他怎樣去形容自己、想做一個怎樣的祖父母？這就是敘事治療，由一個充滿問題的故事，變成充滿力量的故事。」

信義會：計劃未來 ——————

基督教香港信義會社會服務部
助理總幹事　何顯明

建立互助網絡，到校推動「資深父母薈」

　　過去三年的服務，我們發現了祖父母同行的力量。祖父母把生活焦點放於孫兒，孫兒的小學及幼稚園仍然會是我們接觸祖父母的最佳地方。未來我們會更積極與校方合作，一方面藉已建立的學校合作基礎，亦向更多學校推廣我們的信念，尋求合作，盼望為不同學校的祖父母連結一個互助網絡--「資深父母薈」，以讓祖父母不會因接受服務而覺得自己是弱者，反而是一同參與，互通資源，期望在兩年內組織一千位薈友，並更喚起社會對祖父母的關注。我們亦希望爭取小學及幼稚園在原有的家長教育工作上，有計劃地進行「資深父母」（祖父母家長）的教育工作，盼望三代及隔代照顧家庭支援服務可融入主流。

由隔代服務走向三代服務 ——「資深PLAY」

　　我們的隔代家庭服務一直從家庭系統思維的概念去認識及了解家庭的情況及需要，祖父母及孫子女是我們服務的主要對象，父母輩亦是我們關注的一群，三代的互為影響決定了祖孫的關係及福祉。祖父母照顧、愛錫孫子女，其實因為也很愛自己的子女，為了替子女分擔多一點，他們願意付出的難以估計。祖父母不望子孫回報什麼，但父母輩對祖父母的支持及感謝，卻讓祖父母有更大的力量及安心去守護家庭。未來我們仍然會致力服務祖父母，也不會忽略父母一輩在家庭的角色，更推動三代溝通、互動的機會。「資深PLAY」將會推介至各學校，讓更多學校不單舉行親子活動，也可有親孫及三代活動供家庭參與。

予祖父母的具體支援

到校建立「資深友」祖父母互助支援小組

祖父母願意學習更多以配合時代需要的親孫知識及技巧，除了承傳過去三年「大手牽小手-祖孫平衡小組」及「祖孫玩樂園」的祖孫活動外，我們會為學校建立「資深友」互助支援小組，讓祖父母在小組中獲管教心得、資訊交流，甚至關注自身的身心靈健康等部份，以令祖父母更有活力迎接照顧上的挑戰。

結連社區資本的「寶集社」

隔代照顧家庭支援服務計劃除了服務長者，實際上也服務了近300位孫子女，祖父母關注自己，更關注兒孫。祖父母服務得以延續的同時，我們仍然關注小朋友的成長需要，包括有特殊學習需要的學童，會聯絡更多社區不同的資源以支援有需要的家庭，減輕祖父母的壓力。我們會組織「寶集社」金齡義工為孫子女免費補習及與其祖父母同行，並會特別針對有特殊學習需要/學業壓力較大的祖孫為對象，除學術的引導，也予小朋友以及祖父母同行陪伴與關心。

敍事治療的力量

　　本計劃使用了敍事治療的概念，貫徹於核心的信念、手法，介入策略，從個人到家庭，再到社區及社會，從祖父母把自己照顧孫兒有不足、問題家庭，進而把焦點擴闊至他們遺忘了的寶貴知識、信念，及讓大眾更肯定多元家庭的價值及選擇。三年的服務我們見證了不少尋回身份、意義與方向的祖父母，我們深信敍事的力量及祖父母是他們自身處境的專家，未來我們仍然沿用敍事的手法，讓祖父母重新回顧（Review）、再次聯繫（Reconnect）、重新建構（Reconstruct）、重設處境（Recontextualise）、再次被肯定（Recognise）。

感恩和尊重

　　大眾一般覺得祖父母要照顧孫兒是理所當然，少有關顧他們身心的狀況、適應壓力和感受。感謝在《我是爺爺嫲嫲湊大的》分享祖孫故事的每一位祖父母，讓我們從故事中看到隔代照顧的實況，每一個都是活在我們社區裡的小故事，有的故事如搣開的甜橙，邊吃邊叫人笑說「好酸、好孫」！也有的如撕開一層層洋葱瓣，讓人淚目心酸。

　　未來，讓我們帶着新的眼光和角度，更深入地認識身邊的祖父母，能用更肯定、尊重和諒解的態度去支持他們，也讓社會更關心祖父母的需要。讓愛一代一代，真真正正的傳承下去。

鳴謝

「智愛承傳 —— 隔代照顧家庭支援服務」
由香港公益金資助

香港公益金於1968年成立，致力為本港超過160間
會員機構籌款，提供六項服務－兒童及青年、安老、家
庭及兒童福利、醫療及保健、復康及善導及社區發展。
香港公益金在2016-2019年間，資助了基督教香港信義
會社會服務部為期三年的「智愛承傳－隔代照顧家庭支
援服務」計劃，並將於2019-2021期間，資助為期兩年
的「智愛承傳 —— 資深父母薈」計劃。

---

website: www.commchest.org
facebook: commchestHK
e-mail: chest@commchest.org

鳴謝

本書由李錦記家族基金贊助

李錦記家族基金於 2008 年成立。基金的使命是推動爽樂家庭關係。

基金推廣「治未病」的健康家庭理念，相信如果家庭成員能在家庭生病之先及早產生警覺及作出相應預防行動，將有效發揮健康家庭的潛在能力，建造和諧社會，造福社群。

我們運用「學，做，分享」的模式，鼓勵以行動在生活中表達關愛，並將得著與家人，朋友分享，共建一個跨代共融的社會。

---

www.lkklovingfamily.com

基督教香港信義會社會服務部

　　基督教香港信義會社會服務部自1976年成立，是本港大型的綜合性社會服務機構，以創新的方式、關愛及以人為本的精神為基層及弱勢社群提供多元化的服務。本會現時共有超過50個服務單位，服務範圍遍佈全港，由幼兒到長者，從家庭、學校以至職場，服務人次每年超過二百萬。

網上捐款： epay.elchk.org.hk

鳴謝

支持及合作團體

香港公益金

李錦記家族基金

大銀力量

香港家長教育學會

保良局雨川小學

基督教香港信義會禾輋信義學校

沙田圍胡素貞博士紀念學校

保良局瀝源幼稚園暨幼兒園

新九龍婦女會新翠幼稚園

基督教香港信義會頌安幼兒學校

宣道會秀茂坪陳李詠貞幼稚園

基督教宣道會徐澤林紀念小學

林村公立黃福鑾紀念學校

上水東莞學校

田景邨浸信會呂郭碧鳳幼稚園

基督教小樹苗幼稚園

保良局錦泰小學

港九街坊婦女會孫方中小學

馬鞍山聖若瑟小學

李志達紀念學校

中華基督教會協和小學

東莞工商總會張煌偉小學

大埔循道衛理小學

保良局黃永樹小學

天主教佑華小學

循道衛理楊震社會服務處沙田青少年綜合發展中心

林大輝中學

柏立基教育學院校友會李一諤紀念學校

東華三院賽馬會沙田綜合服務中心
「大小足印」新手父母育兒訓練計劃

中華基督教會基慈小學

十八鄉鄉事委員會公益社小學

協康會康苗幼稚園

打鼓嶺嶺英公立學校

聖雅各福群會麥潔蓮幼稚園/幼兒中心

錦田公立蒙養學校

保良局蕭漢森小學

保良局王賜豪（田心谷）小學

東涌天主教學校

九龍塘學校（中學部）

（排名不分先後）

鳴謝

顧問

洪雪蓮博士
香港浸會大學社會工作系副系主任、副教授及
社會工作實踐及精神健康中心主任

陳廷三博士
香港中文大學教育研究所專業顧問

張文茵女士
國際表達藝術治療協會前共同主席、
香港表達藝術治療協會創會主席

霍玉蓮女士
婚姻及家庭治療師／高級臨床督導主任

梁紀昌先生
香港教育學院名譽院士(2015)、團結香港基金理事

孫慧玲女士
兒童少年文學作家、創意教育學會會長、
親職教育培訓導師及大學榮休教師

周文傑先生
註冊藝術（表達藝術）治療師

（排名不分先後）

大人叢書

我是爺爺嫲嫲湊大的

編輯	陳曉蕾
採訪及撰文	姚敏惠、羅惠儀、黃曉婷、江麗盈
書籍設計	Half Room
插圖	Lulu

基督教香港信義會

長者綜合服務工作小組	劉翀、彭慧心、巫淑霞、郭加欣、余詠詩
出版	大銀力量有限公司
	九龍大角咀櫸樹街 7-13 號
	豐年工業大廈 1 樓 C01 室
	bigsilver.org
發行	大銀力量有限公司
承印	森盈達印刷製作
印次	2019 年 6 月初版
規格	148mm×210mm 200 面
定價	港幣 128 元
國際書號	ISBN 978-988-79069-2-6